耐久性混凝土的配制与其氯离子传输性能研究

马立国　著

中国建筑工业出版社

图书在版编目（CIP）数据

耐久性混凝土的配制与其氯离子传输性能研究/马立国著．—北京：中国建筑工业出版社，2020.5

ISBN 978-7-112-25079-0

Ⅰ.①耐… Ⅱ.①马… Ⅲ.①混凝土-研究 Ⅳ.①TU528

中国版本图书馆 CIP 数据核字（2020）第 076345 号

本文基于氯离子在混凝土中的传输性能取决于混凝土微结构中组成及其数量的思想，在不同的尺度选择典型的代表性体积单元，利用均匀化理论通过多尺度过渡途径建立模型预测氯离子的传输性能。从水泥水化出发，通过等温量热实验、非接触式电阻率实验和压汞法研究了水泥浆体水化进程的变化情况；理论上通过 Powers 模型和 J-T（Jennings-Tennis）模型定量计算了水泥浆体微结构中各种水化产物和孔隙的体积分数，采用 CEMHYD3D 程序定量计算了各种水化产物和孔隙数量，并采用 Matlab 工具构建了水泥浆体三维微结构。在构建氯离子传输性能多尺度的预测模型中划分了四个尺度：第一尺度为水化产物尺度、第二尺度为水泥浆体尺度、第三尺度为砂浆尺度、第四尺度为混凝土尺度；利用均匀化理论从微观尺度向宏观尺度推进过渡预测宏观氯离子的传输性能。采用自行设计并获专利授权的加载设备测试了持续拉伸荷载作用下氯离子扩散系数的变化。

责任编辑：曹丹丹
文字编辑：高　悦
责任校对：李美娜

耐久性混凝土的配制与其氯离子传输性能研究

马立国　著

*

中国建筑工业出版社出版、发行（北京海淀三里河路 9 号）

各地新华书店、建筑书店经销

霸州市顺浩图文科技发展有限公司制版

北京建筑工业印刷厂印刷

*

开本：787 毫米×1092 毫米　1/16　印张：7½　字数：187 千字

2020 年 11 月第一版　2020 年 11 月第一次印刷

定价：**48.00** 元

ISBN 978-7-112-25079-0

（35887）

前　言

水泥混凝土由于自身多方面的优势，是目前土木工程中使用最广泛、用量最大的结构材料。对于结构安全和服役寿命，混凝土耐久性至关重要，为减少耐久性不良造成的经济损失以及保证人身生命和财产安全，在工程中配制耐久性混凝土是实现混凝土工业可持续发展的有效途径。在混凝土的耐久性中，混凝土的传输性能对耐久性的其他方面影响尤为明显，混凝土应用领域中关系传输性能的介质很多，包括氯离子、二氧化碳、酸碱盐溶液和压力水或油等，其中氯离子引起混凝土钢筋腐蚀、混凝土保护层开裂尤为严重，修复加固造成了巨大的经济浪费。氯离子在混凝土中的传输性能受到混凝土组成材料的影响，鉴于混凝土材料是非均质、多尺度、多种材料组成的复合物质，从最复杂水泥水化进程入手，鉴于水泥水化微结构的组成和变化与传输性能直接相关，可通过多尺度思想和均匀化理论预测氯离子在混凝土中的扩散系数来表征其传输性能。

基于混凝土中的氯离子传输性能取决于混凝土微结构的组成及其数量的思想，在不同的尺度选择典型的代表性体积单元，利用均匀化理论通过多尺度过渡途径建立模型预测氯离子的传输性能。从水泥水化出发，通过等温量热实验、非接触式电阻率实验和压汞法研究了水泥浆体水化进程的变化情况；理论上通过 Powers 模型和 J-T（Jennings-Tennis）模型定量计算了水泥浆体微结构中各种水化产物和孔隙的体积分数；采用 CEMHYD3D 程序定量计算了各种水化产物和孔隙数量，并采用 Matlab 工具构建水泥浆体三维微结构。在构建氯离子传输性能多尺度的预测模型中划分了四个尺度：第一尺度为水泥水化产物尺度、第二尺度为水泥浆体尺度、第三尺度为砂浆尺度、第四尺度为混凝土尺度；利用均匀化理论从微观尺度向宏观尺度推进过渡预测宏观氯离子的传输性能。采用自行设计的加载设备测试了持续拉伸荷载作用下氯离子扩散系数的变化。选择的水胶比为实际工程中常用的具有代表性的数值 0.23、0.35、0.53；矿物掺合料为粉煤灰和硅灰，粉煤灰的掺量选取 10％、30％、50％，硅灰的掺量选取 4％、8％、12％；自行加工制作的实验设备测试了稳态下氯离子扩散系数。

限于作者的水平有限，书中如有不妥之处，请广大读者提出宝贵意见和建议。

目　　录

1 绪论

1.1 引言

水泥自发明以来（1824 年 10 月 21 日，英国利兹城的泥水匠阿斯谱丁获得英国第 5022 号的“波特兰水泥”专利证书），经过近两百年的使用和发展，经历了钢筋混凝土技术（19 世纪中叶）、预应力混凝土技术（1938 年）和混凝土化学外加剂技术（20 世纪 70 年代）三次技术飞跃，钢筋混凝土成为世界上最大宗的建筑材料之一，广泛地应用于建筑工程、桥梁工程、水工工程、隧道工程、铁路工程和码头工程等。根据数字水泥网站统计，我国 2016 年有规模的水泥厂的水泥产量就达 24.0 亿 t，商品混凝土的总产量为 22.29 亿 m^3，约占全世界混凝土用量的 60%，由于环保的控制水泥生产量后续略有减少。目前钢筋混凝土结构是最常用的结构形式之一，在土木工程的各个领域都可以见到它的身影。作为关系到人民人身财产安全的结构形式，钢筋混凝土结构建筑物或构筑物的可靠性备受关注，包括安全性、适用性和耐久性，其中混凝土的耐久性越来越多地受到工程界的重视。

钢筋混凝土结构由钢筋和混凝土复合组成，可以充分发挥混凝土抗压强度高、钢筋抗拉强度高的双重优势，在制作成构件时可以协同作业共同受力，是一种具有高强、耐水、耐火和成本较低等多种优点的复合材料。混凝土作为当今最常见的结构材料之一，但是由于各种原因造成的其耐久性不足引起的大量经济损失普遍存在，特别是氯盐环境下钢筋混凝土内部钢筋的腐蚀后果尤为严重。国内外氯盐环境下（海岸与近海环境、使用除冰盐环境、盐湖环境或化学化工氯盐侵蚀环境等）钢筋混凝土结构由于钢筋腐蚀导致的结构损伤、承载力降低或结构失效等事故屡见不鲜而且造成了巨大的经济损失。美国仅 1991 年修复由于耐久性不足而损坏的桥梁就耗资 910 亿美元，到了 20 世纪末时用于更换损坏的混凝土公路桥面就达 4000 亿美元；英国每年用于修复钢筋混凝土结构的费用就达 200 亿英镑，到 1989 年时已经累计达 4500 亿英镑；而日本目前每年仅用于房屋混凝土结构维修的费用即达 400 亿日元以上。

国外氯盐环境下钢筋混凝土结构调查结果显示其破坏的过程可以分为四个过程，分别为：钢筋腐蚀开始、混凝土开始出现裂缝、钢筋达到严重腐蚀、保护层混凝土开裂剥落；破坏的时间一般为建成 15 年左右。以美国为例，1978 年由国家材料顾问委员会提交的报告统计约 253000 座混凝土桥梁的桥面板中部分仅使用不到 20 年，就已经出现不同程度地破坏，而且存在这种问题的桥梁每年还将增加约 3500 座；其他统计显示欧洲国家和日本等世界发达国家在解决由于钢筋腐蚀、混凝土破坏引起的安全问题上花费了大量的金钱，约占每年工程投资的40%左右，而且这个比例逐年都在提高。

我国是个陆地大国，同时又是个海洋大国，拥有世界排名第四的约1.8万km海岸线和排名世界第五的大陆架面积约1.33亿公顷（1公顷$=10^4m^2$），现有大量的海工或近海工程如临海建筑、码头、防波堤和跨海大桥等；此外我国的疆土较大部分地区处于严寒地区或寒冷地区，冬季下雪后除冰盐的使用较为普遍；另外我国还有少量地区有盐湖存在和一些化工氯盐腐蚀环境存在。根据国外的经验教训，氯盐环境下钢筋腐蚀导致的混凝土结构破坏的时间间隔大约是15年，而目前我国正致力于有史以来最大规模的基础设施建设，混凝土结构的耐久性问题不容乐观，也面临着氯盐环境问题所带来的巨大压力。其中氯盐环境下钢筋腐蚀引起结构破坏的现象屡见不鲜，甚至更为突出。在2005年山东省烟威地区氯盐环境下钢筋混凝土结构钢筋腐蚀调查中发现较多的建筑物或构筑物出现了不同程度的损坏。例如，调查中威海市某渔船码头内传递冰块的混凝土桁架运输桥出现了严重的钢筋腐蚀，腐蚀情况见图1-1；威海某海上酒店的海边连接大桥钢筋混凝土梁出现了严重的钢筋腐蚀，腐蚀情况见图1-2；氯盐环境下较多住宅也出现了典型的腐蚀破坏，如烟台市莱州某小区住宅阳台挑梁钢筋腐蚀，检测发现其混凝土保护层氯离子含量严重超标，阳台挑梁的腐蚀情况见图1-3；威海市某在建海边住宅未竣工时钢筋混凝土柱就出现了钢筋腐蚀的情况，柱角钢筋腐蚀情况见图1-4；烟台市开发区夹河某大桥的钢筋混凝土梁肋出现较严重的腐蚀开裂，腐蚀情况见图1-5；另外除冰盐使用地区如北京西直门旧立交桥建成于1980年，由于除冰盐的使用导致该桥结构钢筋腐蚀严重成为危桥于1999年拆除了，桥墩严重腐蚀见图1-6（源自北京市政设计研究院研究资料）。根据中国科学院海洋研究所2013年的统计，每年我国腐蚀损失高达1.6万亿元，其中基础设施和建筑的腐蚀损失高达5000亿元。

图1-1　威海某桁架桥腐蚀

图1-2　威海某海上酒店桥混凝土梁腐蚀

美国学者Sitter提出的“五倍定律”描述了混凝土耐久性问题造成的经济危害：在设计中减少1美金钢筋保护费，钢筋出现问题时就要浪费5美金修复费，严重时混凝土开裂了再加固补强就需要25美金。目前尽管很多新材料开始应用于工程，但没有一种性能更优越更经济的材料完全取代钢筋混凝土，钢筋混凝土结构还将在很长一段时间内是最常见的、应用最广泛的结构材料之一。根据国内外侵蚀环境下混凝土的损伤统计和调查中氯盐环境下混凝土的破坏情况，混凝土的耐久性是混凝土结构在应用过程中此环境下需要解决的主要问题；因此有效提高混凝土的耐久性对于混凝土的可持续发展可以起到事半功倍的

图 1-3　烟台某住宅挑梁腐蚀

图 1-4　威海某住宅柱钢筋腐蚀

图 1-5　烟台夹河某桥梁肋开裂图

图 1-6　北京西直门旧桥腐蚀

效果。

混凝土的耐久性已成为材料科学中最为人们所关心的问题之一，结构工程学科发展战略也将结构物的损伤累积及耐久性研究作为优先发展的领域之一。如何对这些建筑进行科学的耐久性、经济性评定以及剩余寿命的预测，是当今土木工程领域的研究热点。我国资金、能源短缺、资源也相对不丰富，就更应该在战略上深谋远虑，重视不花投资而又能节省能源的措施。提高混凝土的耐久性，是达到这一目标的最好途径，其经济效益和社会效益是不言而喻的。

1.2　混凝土耐久性研究现状及意义

国家攻关项目在材料类中有一项是国家重点工程安全性研究，其中包括高性能混凝土、混凝土新型胶凝材料、混凝土耐化学腐蚀及高耐腐蚀材料、混凝土抗冻性等的研究。在国内，2006 年建成的关系到国计民生的三峡大坝工程总投资 954.6 亿元，规范规定特别重要的建筑结构设计寿命为 100 年，当时许多专家提出其混凝土耐久性寿命 500 年的设计构想；2018 年建成通车的港珠澳大桥总投资 1269 亿元，混凝土的设计寿命为 120 年。美国学者用“五倍定律”形象地说明了耐久性的重要性，特别是目标设计对耐久性问题的重要性。如果由于混凝土的耐久性出了问题，这一可怕的放大效应应用到三峡大坝类似的大工程中就成了不可计数的资源浪费了。因此混凝土的耐久性问题成为21世纪的混凝土研究的主旋律，国内外的众多科技工作者致力于混凝土的耐久性研究。20世纪70年代，美国等一些国家发现，50年代以后修建的混凝土工程设施，尤其是混凝土桥面板这类工作环境较为严酷的结构，要比30年代乃至使用年代更长久的工程先出现病害、开裂，甚至严重损坏。美国1978年由国家材料顾问委员会提交的报告引起了巨大的轰动，该报告报道：约253000座混凝土桥梁的桥面板，其中部分仅使用不到20年，就已经不同程度地破坏，而且每年还将增加3500座。其他的典型例证，如Litvan和Bickley发表了对加拿大停车场的检测报告，他们发现大量停车场出现破坏现象远比预计的服役寿命要早。Gerwick、Khanna和Shayan、Quick等人分别报道了一些国家的海底隧道、海洋桩基和铁路轨枕过早出现严重劣化的现象。

1.2.1 现今混凝土耐久性不良的主导原因

混凝土耐久性出现异常的原因主要以下几项：

混凝土原材料方面：水泥向含较多C_3S和碱、粉磨细度增大发展，加水拌合后水化加速、放热加剧、干燥收缩增大；粗骨料的最大粒径减小、级配较单一，使混凝土需要的浆体量增多。

混凝土配制与浇筑方面：由于水泥活性增大，易配制出强度较高的混凝土，而设计强度等级并未提高，因此承包商采用增大水灰比，以加大坍落度的做法方便施工，致使拌合物离析、泌水加剧；为缩短工期、加快模板周转，采用增大单位水泥用量、提高早期强度的做法，混凝土早期因温度收缩和自身收缩开裂的现象日渐普遍；施工人员的素质下降，混凝土振捣、养护等操作难以到位。

设计与使用环境方面：结构物向大型化发展，构件断面尺寸加大；基础设施向严酷环境地区发展；工业化和城市化的发展，造成酸雨、气候异常等环境恶化现象。以上混凝土结构物过早劣化，出现危机的种种表现，国内外情况也十分近似。20世纪90年代初因沥青道路易受水灾毁坏而转向大力发展水泥路面的南北方几省，近些年又走了回头路。我国与西方国家出现耐久性问题的原因也有许多共同点。例如20世纪70年代以来修建的基础设施，远比50年代的耐久性问题多，是因为那一期间施工管理放松，甚至无人管理，当混凝土拌合物运送到现场比较干稠使浇捣困难时，工人就随意浇水，以便操作。自20世纪50年代以来，使用的拌合物坍落度逐步增大，从0～20mm，20～40mm，50～70mm，到180～220mm（泵送混凝土），拌合物从出机口到浇筑，凝固期间易出现离析、泌水，致使混凝土匀质性下降，硬化后微结构中过渡区薄弱，存在大量孔隙和微裂缝，匀质性差的现象加剧。近些年来，由于基础设施大量兴建，工期又短，上述形成混凝土耐久性问题的因素逐渐表现出来，甚至更为严重。

1.2.2 混凝土耐久性的概念

所谓混凝土的“耐久性”，是指在使用过程中，在内部或外部的、人为的或自然的因素作用下，混凝土保持自身工作能力的一种性能。耐久性混凝土的评价一般包括如下几项：

渗透性。由于影响混凝土耐久性的各种破坏过程几乎都与其有密切的关系，一般来说混凝土只要其渗透性很低，就可以很好的抵抗水和侵蚀性介质侵入的能力。因此混凝土的抗渗性被认为是评价混凝土耐久性的重要指标。

抗冻性。在寒冷地区，特别是水工建筑物，混凝土受冻融作用往往是导致混凝土劣化的主要因素。抗冻性可间接地反映混凝土抵抗环境水侵入和抵抗冰晶压力的能力。因此抗冻性常作为混凝土耐久性的指标。

自收缩。随着高强高性能混凝土的发展，水胶比的进一步降低和矿物掺合料的加入，使自收缩在混凝土收缩中所占的比例大大增加。可以说自收缩在一定程度上成为高性能混凝土发展的一个障碍。因此自收缩是影响低水胶比混凝土耐久性的一个重要专有指标。

碱-骨料反应。混凝土的碱-骨料反应，主要是指混凝土中碱性物质和骨料中的碱活性成分反应吸水后造成膨胀开裂并随时间加剧引起破坏，维修困难且修复费用巨大。因此它也是影响混凝土耐久性的一个重要方面。

硫酸盐侵蚀。对混凝土有侵蚀性的硫酸盐分内部和外部（环境）两种，通常认为混凝土受硫酸盐侵蚀的结果是硫酸盐和混凝土中的含铝、含钙成分反应引起体积膨胀从而破坏混凝土。

钢筋锈蚀。一般来说，钢筋锈蚀可分为四类：①碳化作用，使钢筋钝化膜失去了存在的条件；②电化学侵蚀，使混凝土丧失护筋能力；③氯化物等的侵蚀，氯离子、硫酸根离子及硫离子等都是能破坏钢筋钝化膜的有害成分，其中，以氯离子的破坏最为剧烈。

以上影响混凝土耐久性的因素中，后几项均与混凝土的渗透性有或多或少的联系。

混凝土其他方面的性能包括：

混凝土的物理性能：如和易性、凝结硬化性能等，其中和易性是评价混凝土施工性能的重要指标，对混凝土质量影响较大。力学性能：包括混凝土的各项强度指标、弹性模量、和混凝土的韧性。强度是评价混凝土的基本指标，同时由于随着混凝土强度的增加，脆性增大，对混凝土的韧性的评价也比较重要。经济性与适用性：任何一种商品投入使用都会考虑到其性价比，因此混凝土的研制必须要考虑经济性与适用性。

1.2.3 耐久性混凝土的意义

耐久性混凝土针对不同用途要求，对下列性能要重点的予以保证：耐久性、工作性、适用性、强度、体积稳定性、经济性。因此，耐久性混凝土在配制上的特点是较低水胶比、选用优质原材料，并除水泥、水、骨料外，必须掺加足够数量的矿物掺合料和高效外加剂。耐久性混凝土不仅是对传统混凝土的重大突破，而且在节能、节料、工程经济、劳动保护以及环境等方面都具有重要意义，是一种环保型、集约型材料，可称为“绿色混凝土”。

1.3 在混凝土组成方面提升耐久性的措施

1.3.1 外加剂的选择和使用

外加剂作为现代混凝土的不可或缺的组分，在混凝土中起着举足轻重的作用。在耐久性混凝土中，它解决了其低水胶比、低用水量与施工性能之间的矛盾。目前我国在混凝土技术中使用最多的是减水剂，其中以高效减水剂的用量最大，其生产较为分散，质量差别很大，不利于集约化生产和总体质量的控制与提高。生产时候，注意提高减水率而且考虑环境保护和劳动保护，要认真地进行毒性检查和混凝土中溶出试验。在配制混凝土的时候，与拌合水同时加入的效果不好，国外多采用液体高效减水剂后掺法，可提高减水率，有效减少混凝土的坍落度经时损失。外加剂、水泥的品种众多，两者的相容性问题也不容忽视。在实际工程中经常添加减水剂、引气剂等，有些工程为了减少混凝土温度开裂和满足混凝土长距离运输加入了缓凝剂。

1.3.2 矿物掺合料的选择和使用

矿物掺合料的使用过程是火山灰材料→石灰胶凝材料→硅酸盐水泥→混合材料水泥→耐久性混凝土组分这样一个否定之否定的发展过程。矿物掺合料不仅有利于水化作用，提高强度、密实性和施工性，增加粒子堆积密度，减小孔隙率，改善孔结构，而且对抵抗侵蚀和延缓性能劣化等都有很好的作用。矿物掺合料不同于按标准生产的掺合料水泥，而是将矿物掺合料作为混凝土中除水泥、水、骨料和外加剂以外的必要的组分进行设计，设计方法区别于传统的设计方法。现在，常用的矿物掺合料是粉煤灰、高岭土、矿渣和硅灰。纳米材料尺寸在1～100nm间的一种新型超微细颗粒材料，作为新型材料逐渐活跃在生活中的各个领域，但在混凝土领域中应用的很少。观察纳米二氧化硅实验，发现纳米材料的搅拌凝聚是一个需要解决的问题，但其微骨料效应和对水泥的填充效应对提高混凝土的耐久性具有明显的正面优势。

1.3.3 优质骨料的选择

骨料的选择对混凝土的耐久性影响也很大，在选择的时候要考虑下面几个因素：

级配：空隙率尽可能低，这样达到相同的流动性时，水泥浆的用量低，混凝土的自收缩变形小，水化热低，体积稳定性好，耐久性自然提高。

物理性能：骨料的表观密度和堆积密度要大，吸水率要低，表面要粗糙，粒形好。

力学性能：不含软弱颗粒和风化骨料，《普通混凝土用碎石或卵石质量标准及检验方法》JGJ 53—92中规定岩石的抗压强度应大于混凝土强度的1.5倍。采用50mm的立方体试件或ϕ50mm高50mm圆柱体，在饱水状态下测定抗压强度，不应低于80MPa，压碎指标＜10％，弹性模量要大。

化学性能：无碱活性骨料，避免发生碱-骨料反应；不含泥块，含泥量＜1.0％，不含有机物、硫化物和硫酸盐等。

1.3.4 耐久性混凝土的胶凝材料生产与应用

目前国产水泥质量差异很大，它和高效外加剂相容性很不稳定，必须适合低水胶比和耐久性的需要，在混凝土的施工质量控制方面造成了较大的困难。工厂生产从流变性能的需要，进行石膏、掺合料和外加剂等组分的选择和配合比优化，再选择合适的水泥熟料，调节其他辅助材料，以合适的参数共同磨细，制造用于不同强度耐久性混凝土的胶凝材料，则可以大大简化施工过程，稳定混凝土的质量。在用于混凝土的时候，拌合物不离析、不泌水，有良好的可泵性和填充性，硬化后有良好的耐久性。当然水泥的生产，应该注意环境保护，实现可持续发展。耐久性混凝土的低水胶比，使用矿物掺合料，大大减少了水泥的需求，减少了自然资源和能源的消耗以及对环境的污染，有利于建筑行业可持续发展性，耐久混凝土有待进一步优化，使其向理想混凝土发展。

1.4 混凝土传输性能对混凝土耐久性的影响

混凝土的耐久性包括抗渗性、抗冻性、抗侵蚀、碳化和碱-骨料反应等几个方面，其中混凝土的抗渗性和其他的几个方面关系密切，大量研究表明渗透性低的混凝土耐久性一般来说比较好。混凝土的传输性能是反映混凝土耐久性的重要指标，介质主要包括压力水或油、侵蚀性气体或酸碱盐液体以及氯离子等。混凝土保护钢筋防腐的机理为钢筋混凝土内环境碱性，在钢筋表面形成钝化膜对钢筋起到保护作用；在氯盐环境下钢筋混凝土结构的钢筋腐蚀主要因素为氯离子侵入到钢筋表面达到临界浓度，可以在碱度不降低情况下引起钢筋的电化学腐蚀，而且氯离子腐蚀前后数量不减少，主要起催化加速腐蚀的作用。因此，混凝土的氯离子传输性能对混凝土耐久性意义重大。

1.4.1 传输的主要形式

传输性能是介质在多孔材料中基本行为性质之一，它反映了材料内部孔隙的大小、数量、分布以及连通状态和不同组分组成等综合情况。混凝土是一种典型的多孔、多组分、多尺度的复杂非均质无机非金属材料。介质在水泥基复合材料中的传输是一个复杂过程，根据不同的驱动力，其传输行为主要包括下列几种方式：渗透、扩散、毛细管作用、电迁移等。

1. 渗透

气体或液体在压力差的作用下从多孔介质高压力位置运动到低压力位置。渗透理论中最著名的理论为达西定律（Darcy's Law）。达西定律是法国工程师达西于 1856 年总结多年研究水在饱和砂中渗透实验结果时发现了水的渗流速度与上下游水头差之间呈线性关系的渗透规律，见式（1-1）。之后在 20 世纪 80 年代，Mehta 和 Manmohan 首次利用达西定律来研究水泥基材料预测水泥浆体的渗透性；随着研究发展，达西定律用到混凝土的水渗透系数测试实验中。

$$V=\frac{Q}{A}=\frac{k\rho g}{\mu}\cdot\frac{\Delta h}{L} \tag{1-1}$$

式中 V——渗流速度（m/s）；

Q——单位时间内的流量（m^3/s）；

A——流体通过的横截面（m^2）；

ρ——流体的密度（kg/m^3）；

g——重力加速度（9.81m/s^2）；

Δh——水头损失（m）；

μ——动力黏度（$N\cdot s/m^2$）；

L——样品的厚度（m）；

系数 k——固有渗透率（m^2），它由多孔介质的属性决定，与流体无关。

2. 扩散

离子或分子等在浓度梯度的作用下从多孔介质高浓度位置移动到低浓度位置。德国人阿道夫·菲克（Adolf Fick）于 1855 年提出了菲克定律，分子或离子扩散过程中不依靠宏观的混合作用发生的传质现象描述了传质通量与浓度梯度之间的关系。菲克定律包括两个内容：菲克第一定律在单位时间内通过垂直于扩散方向的单位截面积的扩散物质流量与该截面处的浓度梯度成正比，即浓度梯度越大，扩散通量越大；菲克第二定律是在第一定律的基础上推导出来的，在非稳态扩散过程中，在某一距离处，浓度随时间的变化率等于该处的扩散通量随距离变化率的幅值，见式（1-2）、式（1-3）。

菲克第一定律：
$$J=-D\frac{\sigma C}{\sigma x} \tag{1-2}$$

菲克第二定律：
$$\frac{\sigma C}{\sigma t}=D\frac{\sigma^2 C}{\sigma x^2} \tag{1-3}$$

式中 J——扩散通量（$g/m^2\cdot s$），指在单位时间内通过垂直于扩散方向单位截面积的扩散物质流量；

D——扩散系数（m^2/s）；

$\frac{\sigma C}{\sigma x}$——浓度梯度。

“—”号表示扩散方向为浓度梯度的反方向，即扩散组元由高浓度区向低浓度区扩散。

混凝土在浸泡饱水状态下，假定沿扩散方向浓度梯度为定值即稳态扩散下，可用菲克第一定律表示；扩散过程为浓度梯度不是定值的非稳态下，可用菲克第二定律表示。

3. 毛细管作用

多孔材料在非饱和状态下，液体被吸入到多孔材料中主要受到毛细管表面张力的作用。毛细作用只在一定孔径范围的毛细孔隙中发生，在大孔隙及闭合孔隙中并不会出现。在描述非饱和孔隙结构中的水分传输时，通常采用圆形毛细管理论近似描述多孔材料中的毛细吸水过程，在毛细管中水分渗透高度的表达式见式（1-4）：

$$x=\sqrt{\frac{\sigma r\cos\beta}{2\eta}}\sqrt{t}=k\sqrt{t} \tag{1-4}$$

式中 x——渗透深度（mm）；

σ——表面张力（N）；

r——孔隙半径（mm）；

β——接触角（°）；

η——黏滞度（$Pa\cdot s$）；

k——毛细管系数或渗透系数（m^2/s）。

单位横截面面积上累计吸水量 i 与$\sqrt{t}$的关系可以表示为式（1-5）：

$$i=S\sqrt{t} \tag{1-5}$$

式中 t——吸水时间（s）；

i——累计吸水量（$\%/m^2$）；

S——吸水率（%）。

4. 电迁移作用

在电位梯度作用下电解液中离子发生的定向移动。假定混凝土孔溶液为饱和溶液，忽略溶质相互之间的影响。在电场作用下，混凝土外部溶液中的带电离子（如 K^+、Na^+、Ca^{2+}、Cl^-、OH^-、SO_4^{2-} 等）发生定向移动，满足 Nernst-Planck 方程，见式（1-6）：

$$J=-D\frac{\partial C_i}{\partial x}-\frac{zF}{RT}D_iC_i\frac{\partial E}{\partial x}+C_iu \tag{1-6}$$

式中 J——离子 i 的通量（$mol/m^2/s$）；

D_i——离子 i 的扩散系数（m^2/s）；

C_i——液相中离子的浓度（mol/L）；

z——离子电荷数；F 为法拉第常数，96845C/mol；

R——气体常数，8.314Jmol/k；

T——绝对温度（K）；

E——电压（V）；

u——溶质的流速（m/s）。

第一项、第二项和第三项分别表示由浓度梯度、电位梯度和对流效应造成的离子迁移。当混凝土处于饱和状态时，对流效应可以忽略。在电场作用下，浓度梯度对离子迁移的影响远远小于电位梯度下的离子迁移，这时方程可以简化为式（1-7）：

$$J=-\frac{zF}{RT}D_iC_i\frac{\partial E}{\partial x} \tag{1-7}$$

混凝土氯离子的迁移系数为式（1-8）：

$$D_{cl}=J_{cl}\frac{RT}{CF(E/l)} \tag{1-8}$$

式中 J_{cl}——单位时间内通过单位面积的氯离子通量（$mol/m^2/s$）；

E/l——电场强度（V/m）。

稳态电迁移法可以忽略对流、离子扩散效应，氯离子的扩散量仅由电迁移决定，测试得到氯离子的迁移系数结果较为可靠。

1.4.2 混凝土中氯离子传输性能研究现状

在氯盐环境下氯离子在混凝土中传输性能是评价混凝土抵抗有害离子侵蚀能力的有效指标，也是土木工程界耐久性研究的热点，同时受到越来越多的关注。目前混凝土中氯离子传输性能取得的成果或研究的现状主要集中在规范或标准中混凝土渗透性能控制措施或者测试方法，普通混凝土组成材料中掺加外加剂或矿物掺合料后与混凝土氯离子渗透性能的关系，混凝土的孔隙与混凝土氯离子渗透性的关系，混凝土的强度、荷载作用与混凝土氯离子渗透性的关系。

1. 规范或标准中混凝土渗透性能控制措施和测试方法

《港口工程混凝土结构设计规范》JTJ 267—98、《水运工程混凝土质量控制标准》JTS 202—2—2011 中规定了氯离子渗透性控制方面的内容，包括钢筋保护层厚度、氯离子渗透性试验标准、混凝土裂缝宽度等，其中混凝土氯离子渗透性标准试验方法为电通量法参考美国材料实验协会 ASTM 标准。《水运工程混凝土施工规范》JTS 202—2011 中规定混凝土的抗渗性以经过标准养护 28d 试件所能经受的最大水压确定，以抗渗等级表示，并规定了混凝土拌合物中的氯离子最高限量和海水环境中混凝土最小保护层厚度。《混凝土结构设计规范》GB 50010—2010 耐久性设计中根据结构的环境类别，提出包括氯离子含量、最大水胶比、混凝土最低强度等级和钢筋的混凝土最小保护层厚度等要求；《混凝土耐久性设计规范》GB/T 50476—2008 中专门划分了氯化物环境主要为海洋或近海地区和接触除冰盐结构地区，材料的氯离子含量要满足环境要求并在重要的钢筋结构中提出了 28d 龄期的氯离子扩散系数，测试方法为氯离子外加电场快速迁移-北欧测试合作组织 NTBuil492 标准 RCM 法。

2. 普通混凝土组成材料中掺加外加剂或矿物掺合料后与氯离子渗透性能关系

在混凝土内适量掺加外加剂可以有效改善混凝土的性能，例如掺加减水剂、引气剂、膨胀剂、防水剂等可以不同程度改善混凝土的渗透性能。陈建奎介绍了掺木钙减水剂和糖蜜减水剂对混凝土抗渗性能的影响；马保国等研究了适量掺加引气剂可以提高抗氯离子渗透性能，杨钱荣等研究了适量掺加引气剂可降低混凝土的气体渗透系数；赵铁军介绍了在混凝土中掺加适量膨胀剂可以使水泥石更加致密从而降低混凝土的渗透性，并介绍了在混凝土的表面做防水处理比直接在混凝土内适量掺加防水剂可更好改善混凝土表面的抗渗性能，而且简便经济。使混凝土达到高渗透性能的另一个重要的技术手段是适量掺加矿物掺合料。活性的矿物掺合料可与水泥水化产物氢氧化钙反应生成水化硅酸钙凝胶，影响水化产物结晶尺寸，使水化产物富集程度和取向程度提高，改善混凝土界面过渡区结构和水泥石孔结构，另外矿物掺合料本身的微骨料颗粒起到填充作用可进一步提高抗渗性和耐久性。

3. 混凝土的孔隙与混凝土氯离子渗透性关系

混凝土由多种不同尺寸的物质组成，经过化学作用和物理作用形成复杂的复合物，微观上和宏观上混凝土都有孔隙存在。孔隙作为混凝土结构中重要的组成部分，对混凝土的渗透性和强度等宏观性能有重要的影响，近年来孔隙等微观结构和混凝土材料宏观性能之间的关系逐渐成为研究的热点。研究孔隙情况可以通过实验进行测试和理论模型进行分析。孔隙根据孔径的大小有不同的实验测试方法，孔径在 nm 级的微孔可采用吸附的方法，比如采用全自动物理化学吸附法、液氮吸附法测材料比表面积和微孔情况；孔径在几十 nm 到 μm 级的较小孔采用水银压入的方法测试，比如采用压汞仪 MIP 测试材料的开口孔的情况；孔径 μm 至 mm 级较大的孔可以采用光学方法进行测试，比如采用光学显微镜可以测试较大孔的情况；孔径更大的为气泡、蜂窝孔洞或者裂缝等可以采用肉眼、高清数码相机或者裂缝观测仪进行测试。除了直接测试孔的情况外，目前有很多的理论研究了水泥石水化产物和孔的情况，例如国际研究水泥石典型模型 Powers 模型研究了水泥石的微观结构，关注了水泥石中水化产物、毛细孔、凝胶孔、未水化水泥颗粒和水分变化等；还有基于孔结构的混凝土渗透性计算模型 Katz 和 Thompson 模型、Mclachlan 等提出的广义有效介质（GEM）渗透理论。

微观结构中的孔隙对水泥和混凝土材料的宏观性能有重要的影响。早期研究者重视孔隙的多少因素，主要研究了孔隙率对材料渗透性能的影响，并得出了渗透性由水泥浆体的毛细孔隙率控制。比如 Powers 测定了硬化水泥浆体毛细管孔隙率，研究了毛细管孔隙率与渗透性的关系。随着研究的进展，很多学者发现混凝土的渗透性和孔隙率关系密切，但不表现为简单的函数关系，孔隙率相同的混凝土渗透性也可能差别很大，这就引入了孔隙特征，主要包括孔隙的连通情况、孔径的大小分布情况、孔隙是开口或闭口或孤立等特征。孔隙的连通情况主要体现在是否形成连通的、贯通的网状结构体系，连通时路径的曲折程度，孔隙是否连通的临界状态为逾渗等；孔径的大小分布情况体现孔径的不同对渗透的影响差别较大，很多学者将孔径对渗透性能影响分为无害孔、少害孔、有害孔、多害孔等或类似的分类；孔的多少是影响渗透的简单因素，孔是开口、闭口或孤立等特征的影响更为重要。

4. 混凝土的强度、荷载作用与混凝土氯离子渗透性关系

混凝土的强度是评价混凝土性能一项重要指标，它和混凝土的其他性能关系密切。在普通混凝土时代，混凝土的强度与渗透性都与水胶比有直接的关系，两者也基本呈对应关系。赵铁军等采用电通量法（ASTMC2102 方法）和交流阻抗法测试了不同配合比混凝土的渗透性，获得了不同龄期混凝土强度和渗透性的关系；杨钱荣等研究了不同水胶比混凝土强度和渗透性的关系，得到了很高的线性相关性；Yssorche-Cubayne 和 Parrot 等分别研究了水泥混凝土与混凝土空气渗透性之间的关系，两者结果基本显示强度和渗透性之间呈线性相关性。现代混凝土中掺加了矿物掺合料以及化学外加剂，改变了混凝土的内部组成和强度增长规律，使混凝土强度和渗透性能之间的关系变得更加复杂，相同强度下混凝土的渗透性能可能会相差较大。例如 Abbas 和 Carcasses 研究结果显示混凝土的强度差别很大，但气体渗透系数基本相同。杨钱荣研究粉煤灰混凝土和引气混凝土的水渗透系数时发现强度相同的混凝土水渗透性差别较大，而强度不同的混凝土可能有相同的渗透性，Soroushian 在研究粉煤灰混凝土的渗透性时也得出了类似的结论，不能直接从混凝土的强度来判断混凝土的渗透性。这些实验结果表明混凝土内掺加适量矿物掺合料或化学外加剂后，改善了混凝土的孔结构以及骨料和浆体之间的界面过渡区，使孔隙率和孔隙特征均发生了改变。在混凝土渗透性能早期研究中混凝土一般处于无荷载状态，但是实际工程混凝土的服役过程中往往承受各种荷载，实验得出的研究成果往往无法有效地应用于工程，而荷载对混凝土的作用可能会引起混凝土出现裂缝甚至开裂造成水分、其他液体、侵蚀性的介质或离子等的渗透通道，结果将会严重地影响混凝土的渗透性能，使混凝土的渗透系数呈数量级的增长。荷载作用下混凝土渗透性主要的研究方向为压力荷载作用下、劈裂荷载作用下、拉伸荷载作用下和弯曲荷载作用下混凝土电通量、水渗透性、气体渗透性、氯离子扩散系数、氯离子渗透深度、氯离子含量和硫酸盐渗透性能等，实验方法主要为采用压力机、千斤顶、螺栓扭力和弹簧的协助下保持持续荷载，更真实有效地模拟实际荷载作用；采用荷载水平、裂缝形态和微结构变化等参数和混凝土渗透性能建立联系来反映荷载对渗透性的影响。这些研究成果均表明荷载作用下混凝土的渗透性和无荷载作用下的渗透性有很大差别，不同的荷载方式和荷载水平会对渗透性有显著的影响。

1.4.3 基于微结构的氯离子在混凝土中传输性能研究进展

有害离子、水分、液体和气体等介质在混凝土中的传输性能和耐久性有着密切的联系，特别有害氯离子在混凝土内的传输性能是一个重要的影响耐久性因素，尤其是在海岸和近海等氯盐环境下氯离子含量较高工程中，氯盐超标是混凝土结构引起破坏的首要因素，所以研究氯离子在混凝土材料中的传输性能是一项重要研究内容。材料的宏观性能取决于材料的微观结构，无论材料的硬化形成过程还是材料的性能劣化都是一个从微观到宏观渐进的过程。水泥作为普通混凝土中重要的组成材料，施工时可以润滑骨料提高工作性，固化过程中粘结骨料，它是对混凝土宏观性能影响最大的材料，研究它的水化过程特别是微观组成变化对促进混凝土性能的改善至关重要。随着混凝土大量应用和技术发展，混凝土普遍加入大量的矿物掺合料、采用低水胶比和高效外加剂，为使混凝土达到理想的宏观力学性能和传输性能等，可通过优化微结构从根本上实现对宏观性能的设计和调控，并为结构的寿命预测提供技术依据。所以传输性能研究的本质在于研究混凝土微观结构和性能的关系，采用基于微结构思想的数值模拟和实验方法系统研究现代混凝土中氯离子的传输性能具有十分重要的意义。其科学问题是分析水泥浆体微观结构并进行合理模拟，寻找现代混凝土的微结构与宏观性能之间的有机联系，并选取典型的代表性体积单元，通过多尺度过渡途径，建立基于微结构的宏观传输性能的预测模型。

1. 水泥水化进程与微结构演化研究现状

混凝土的固相和孔隙的变化主要由于水泥基胶凝材料的水化引起的。水泥的水化是一个复杂的物理、化学过程，当水泥加水后，水泥熟料矿物和水发生反应产生水化产物，经过初凝、终凝变成具有一定强度的水泥石；在混凝土中水泥石起到粘结作用，把粗、细骨料粘结成一个整体。水泥石产生的过程中水化产物及其数量、孔隙的数量、形态和分布都不是一成不变的，会随时间发生变化。影响水泥水化过程的因素主要包括：胶凝材料的种类、颗粒分布、水胶比、外加剂、温度、湿度和养护的条件等。这些影响因素决定着水泥水化产物的微结构和孔隙及其分布，以及形成的介质传输通道，最终将会影响水泥浆的传输性能。

对混凝土传输性能研究来说理论和实验研究水泥水化过程微结构的变化是十分重要的。水泥水化的研究主要包括固相和孔结构的变化情况，深入了解微结构及其变化有利于获得更加准确、贴近真实的水化模型。传统的实验方法有维卡仪和贯入阻力法，分别来测试水泥、混凝土的初凝时间和终凝时间，其测试的结果是反映试件表面的特征，不能直接揭示内部微结构的变化情况。随着无损检测技术的发展，很多检测技术应用到水泥早期水化过程中用来测试水化产物的变化和孔隙情况。例如超声波法、水化热法、交流阻抗法、电极法和非接触式电阻率法等检测水泥水化早期行为，用扫描或透射电子显微镜等原位连续直接观测不同龄期水化产物的变化情况；氮吸附法、压汞法等用来表征孔隙变化的情况。超声波法可以以无损的方式检测水泥水化过程中超声波在其中传播的速度，可以客观反映出水泥水化过程固相和孔结构的变化，可以反映出固相开始连通的时刻和完全连通的时刻，可以和逾渗现象相对应。水化热方法可以根据水泥基材料随时间放热的情况来了解水泥水化的情况、水化的各个阶段的放热速率和放热量。水泥基材料导电特性既受离子浓度等化学因素影响，又受本身物理结构变化的控制。主要研究方法包括电极法、阻抗谱法、无电极电阻率法。交流阻抗法通过在试件两侧的惰性电极施加不同频率的小振幅正弦电压信号，并通过测得的电流响应来求得阻抗来分析水泥基材料内部结构和参数变化。而非接触式电阻率法较准确自动地测试水泥基材料水化过程变化，避免接触电阻和接触电容对结果的干扰。水泥基胶凝材料中的孔的数量、孔径、形态和分布不是一成不变的，包括凝胶孔和毛细孔，随水化时间发生变化，对水泥基材料的宏观性能影响较大，特别是力学性能和传输性能。常用的孔结构测试方法有压汞法和小角度 X 射线散射法，可以测试得到总孔隙率、孔径分布、最可几孔径、平均孔径、有效孔隙率和曲折度等数据。对于传输性能来说毛细孔孔径较大容易连通，在压汞法中测试得到的有效孔隙率是反映传输性能的重要参数。目前比较典型的孔结构模型包括 Powers-Brunauer 模型、Feldman-Sereda 模型、Munchen 模型、近藤-大门模型和计算机模型等，这些模型将孔结构和混凝土的宏观性能建立密切联系。水泥基胶凝材料水化的程度决定着水化产物的数量和孔结构的变化情况，纯水泥浆体的水化程度可以通过水化热、化学结合水法、氢氧化钙含量法、水化动力学法、图像分析法和计算机模拟等方法进行确定。当水泥中掺加粉煤灰或硅灰后，上述的方法较多不适合这种混合体系，这样首先需要确定体系中粉煤灰或硅灰的水化程度；例如用选择溶解的方法确定粉煤灰的水化程度，可以简化利用回归拟合的方法确定水泥的水化程度方程，为确定粉煤灰水泥体系中不同龄期水化产物时提供参数。

2. 水泥水化模拟现状

国际上欧美和日本等国家在计算机模拟水泥水化过程方面做了大量的研究和模拟实验，并取得业界公认的成绩，而且自主研发了不同理论思想的软件供研究和学习。目前两个软件备受关注，一个是荷兰代尔夫特理工大学编写的 HYMOSTRUC 软件，另一个是美国国家标准与技术研究院编写的 CEMHYD3D 软件。其中 HYMOSTRUC 软件主要思想是在系统中放入尺寸连续的球体，利用体视学原理根据球体表面膜层的矿物发生水化反应进而改变膜层厚度来模拟水化过程；CEMHYD3D 软件是基于图像处理技术和统计学原理获得水泥的各种矿物组成比例和关联函数，采用元胞自动机原理进行水化反应来预测水化反应的各种数据，CEMHYD3D 软件原程序挂在其官网供大家学习和研究，并提供在线测试和服务，很多学者根据自己国家水泥材料的实际情况对该软件进行了改进和研究。我国研究者也基于以上两种软件的思想进行了尝试与创新探索。张栋良通过实验测试水泥二位扫描电镜图像结合水泥粒度分布，利用图像处理技术获得二维参数进而构建三维结构；在三维构建过程中，采用元胞自动机原理模拟水泥水化反应，并利用 OpenGL 技术动态演示水泥水化过程。王岩等基于数字化影像基础和元胞自动机原理模拟水泥水化过程，并设计一套新的预测水泥性能的技术方案，整个过程可以利用计算机来进行可视化演示。雷海林提出了新的计算机算法对水泥的背散射图像进行处理，不需要 Benzt 等人对水泥的背散射灰度阈值反复实验调整，可分出图像矿物组成，所得的结果和 Benzt 等人的灰度划分结果基本吻合。

3. 混凝土的传输性能研究

关于水泥基材料传输性能模型国内外进行的研究，主要以纯经验性模型、半经验模型和理论模型等为主，传输性能的本质在于混凝土的微观结构。材料的宏观性能是由微观结构决定的，采用数值模拟的方法可以预测和调控材料的宏观性能。混凝土重要的性能包括力学性能和耐久性能等，国内外很多学者对混凝土的力学性能包括抗压强度、抗折强度、抗弯强度、韧性和弹性模量等性能研究得到了很多理论模型和基于实验的经验模型；很多学者对混凝土的耐久性中的碳化性能、渗透性能、抗化学侵蚀性能、抗冻性能和钢筋锈蚀性能等研究得到了很多单一因素下或者复合因素下的混凝土宏观性能。为了获得微观结构和宏观性能的关系，达到微观调控的目的，混凝土微观结构和宏观传输性能之间的关系备受关注，其中典型离子氯离子在混凝土中的传输更是研究的热点。首先从胶凝材料水泥水化入手，主要水化产物为水化硅酸钙、氢氧化钙、钙矾石和毛细孔等，其中水化硅酸钙是影响水泥基材料性能的主要产物，关于水化硅酸钙有很多模型，包括类托贝莫来石和类羟基硅钙石模型、富钙和富硅模型、固溶体模型、中介结构模型和高密、低密水化硅酸钙模型等；从水化产物到水泥浆体，然后到砂浆体、界面过渡区和粗骨料，多尺度的过渡模拟混凝土的氯离子传输情况。由于水泥基材料微结构决定宏观性能，建立基于微结构的传输模型必须和均匀化理论、复合材料理论相结合。目前很多均匀化的方法用来预测混凝土的宏观传输性能，包括夹杂类的模型，Maxcell、Mori-Tanaka、Kuster-Tosoz、Ponte Castaneda 和 Willis、Zheng 和 Du EMA 等模型，这些模型将孤立的均一体或复合夹杂体混合到无限的基体相中，相对来说比较清晰，但是他们没有考虑相的连通情况和逾渗现象。另一类是自洽方法，这种方法传统上研究没有连通相的多晶体，近来用于研究水泥基材料的逾渗问题。Bary 等人利用多膜层球组合模型（multi-coated sphere assemblage model）预测水泥浆体的扩散性能和力学性能，其中复合球内部为未水化水泥颗粒，外包内层水化硅酸钙和外层水化硅酸钙，氢氧化钙和铝相为其夹杂，毛细孔只存在外层水化硅酸钙层中；S・Bejaoui 等人利用简化的复合模型（simplified composite model）建立了水泥微结构和有效扩散系数之间的模型，他们认为水泥浆体中主要扩散相包括高密度水化硅酸钙、低密度水化硅酸钙和毛细孔，在低水胶比下，高密度水化硅酸钙控制扩散，其他两相为夹杂，形成串联模型，水胶比提高时，低密度水化硅酸钙和毛细孔开始出现逾渗现象并成为控制相，逾渗相和非逾渗相与高密度水化硅酸钙组成的混合物为并联模型，水胶比更大时，毛细孔最后控制扩散，三相成并联模型，为了考虑三维空间和氢氧化钙铝相等存在的简化，引入曲折因子进行修正；E・J・Garboczi，D・P・Bentz 利用水泥浆体的数字微结构图像，采用计算机模拟了水泥浆体的扩散，主要参数包括水胶比、水泥水化程度和毛细孔等；D・P・Bentz 等建立了计算机多尺度模型模拟了混凝土的扩散性能，主要参数包括水泥浆体、界面过渡区、骨料的粒径分布、体积分数和水化程度等。E・Stora 等人以复合球组装模型为基础混入两种带膜层的复合球，建立了混合复合球组装模型（mixed composite spheres assemblage-MCSA）预测混凝土的扩散系数；Mclachlan，Lu Cui 等提出了广义有效介质理论（general effective media）来计算两相复合材料的导电率并延伸计算水泥石的整体渗透性，在水泥石中两相包括高渗透性的毛细孔相和低渗透性的水化硅酸钙凝胶相。混凝土的传输性能研究成果很大程度上局限于实验用混凝土的配合比、采用的原材料等，得出的传输性能变化曲线规律也依赖具体参数，而实际工程采用的水胶比、矿物掺合料的掺量等不同导致这些成果无法直接、简单地应用于工程。如果采用一些基本理论结合简单的实验测试能够得出具有一定普适性的预测方法，这对于指导工程实践具有重大的意义。

参考文献

[1] Zongjin Li. Advanced concrete technology [M]. New Jersey：Wiley，2011.

[2] 洪乃丰．防冰盐腐蚀与钢筋混凝土的耐久性 [J]. 建筑技术，2000，31 (2)：102-104.

[3] M. G. Richardson. Fundamentals of durable reinforced concrete [M]. London and New York，2002.

[4] 金伟良等．混凝土结构耐久性 [M]. 北京：科学出版社，2002.

[5] 周新刚．混凝土结构的耐久性与损伤防治 [M]. 北京：中国建材工业出版社，1999.

[6] 赵铁军．混凝土渗透性［M］．北京：科学出版社，2006.
[7] 港口工程混凝土结构设计规范 JTJ 267—98［S］．北京：人民交通出版社，1998.
[8] 水运工程混凝土质量控制标准 JTS 202—2—2011［S］．北京：人民交通出版社，2011.
[9] 水运工程混凝土施工规范 JTS 202—2011［S］北京：人民交通出版社，2011.
[10] 混凝土结构设计规范 GB 50010—2010［S］．北京：中国建筑工业出版社，2010.
[11] 混凝土耐久性设计规范 GB/T 50476—2008［S］．北京：中国建筑工业出版社，2008.
[12] 冷发光，冯乃谦．高性能混凝土渗透性和耐久性及其评价方法研究［J］．低温建筑技术，2004，82（4）：14-16.
[13] 赵铁军．高性能混凝土的渗透性研究［D］．北京：清华大学，1997.
[14] 张云升．高性能地聚合物混凝土结构形成机理及其性能研究［D］．南京：东南大学，2004.
[15] 覃维祖．混凝土耐久性研究现状和研究方向［D］．北京：清华大学，1997.
[16] 卢木．混凝土耐久性研究现状和研究方向［J］．工业建筑，1997，27（5）：1-6.
[17] 陈建奎．混凝土外加剂的原理与应用［M］．北京：中国计划出版社，1997.
[18] 马保国，王迎飞，周丽美．负温高性能混凝土抗氯离子渗透性试验研究［J］．混凝土，2002，157（11）：18-20.
[19] 杨钱荣，杨全兵．掺有粉煤灰和引气剂的混凝土的气体渗透性能［J］．粉煤灰综合利用，2004，（2）：8-11.
[20] 刘金龙，韩建德，王曙光．硫酸盐侵蚀与环境多因素耦合作用下混凝土耐久性研究进展［J］．混凝土，2014，（09）：33-40.
[21] 刘斌云，李凯，赵尚传．复掺粉煤灰和硅灰对混凝土抗氯离子渗透性和抗冻性的影响研究［J］．混凝土，2011，（11）：83-85.
[22] 郑俊杰，黄赟，水中和．过硫磷石膏矿渣水泥混凝土抗氯离子渗透性能的研究［J］．新型建筑材料，2015（10）：29-33.
[23] 何亚伯，陈保勋，刘素梅．预加荷载作用下粉煤灰/硅灰纤维混凝土氯离子渗透性能研究［J］．湖南大学学报（自然科学版），2017，（03）：97-104.
[24] Han J，Wang K. Influence of bleeding on properties and microstructure of fresh and hydrated Portland cement paste. Construction and Building Materials，2016，（115）：240-246.
[25] Sun W，Chen H，Lou X，et al. The effect of hybrid fibers and expansive agent on the shrinkage and permeability of high-performance concrete［J］．Cement and Concrete Research，2001，31（4）：595-601.
[26] Han J，Wang K. Influence of bleeding on properties and microstructure of fresh and hydrated Portland cement paste. Construction and Building Materials，2016，（115）：240-246.
[27] Shah，S. P，Wang K. Microstructure，Microcracking，permeability and mix design criteria of concrete［C］．Proc，5th Int Conf on Structure Failure，Durability and Retrofitting，1997：260-272.
[28] Atzeni C，Pia G. Ageometrical fractal model for the porosity and permeability of hydraulic cement pastes［J］．Construction Build Mater，2010，24（10）：1843.
[29] Zeng Q，Li K，Fen chong T，et al. Pore structure characterization of cement pastes blended with high volume fly ash［J］．Cement and Concrete Research，2012，42（1）：194.
[30] Zhang M.，He Y.，Ye G.，et al. Computational investigation on mass diffusivity in Portland cement paste based on X-ray computed microtomography（μCT）image. Construction and Building Materials，2012，（27）：472-481.
[31] Quoc T. P，Norbert M，Diederik J，et al. Modelling the evolution of microstructure and transport properties of cement pastes under conditions of accelerated leaching. Construction and Building Materi-

als，2016，(115)：179-192.

[32] Liu Z，ZhangY，Liu L，Jiang Q. An analytical model for determining the relative electrical resistivity of cement paste and C-S-H gel. Construction and Building Materials，2015，(48)：647-655.

[33] Zhang M，Li H. Pore structure and chloride permeability of concrete containing nano particles for pavement [J]. Construction Build Mater，2011，25 (2)：608.

[34] Das B，Kondraivendhan B. Implication of pore size distribution paramaters on compressive strength，permeabiltity and hydraulic diffusivity of concrete [J]. Construction Build Mater ，2012，28 (1)：382.

[35] S. J. 格雷格，K. S. W. 辛．吸附、比表面与孔隙率 [M]，高敬琮等译．北京：化学工业出版社，1989.

[36] 周继凯，潘杨，陈徐东．压汞法测定水泥基材料孔结构的研究进展 [J]. 材料导报，2013，07：72-75.

[37] Kumar R，Bhatacharjee B. Study on some factors affecting the results in the use of MIP method in concrete research [J]. Cement and Concrete Research，2003，33 (3)：417.

[38] Diamond S，Winslow D. Amercury porosimetry study of the porosity in Portland cement [J]. J Mater Sci，1997，5 (3)：564.

[39] T. C. Powers. The physical structure and engineering properties of concrete [M]. PCA Bulletin，1958，90：1-26.

[40] T. C. Powers，L. E. Copeland，J. S. Hayes. Permeability of portland cement paste [J]. Journal of ACI Process，1954，51：285-298.

[41] R. F. Feldmen，P. J. Sereda. Sorption of water on compacts of bottle hydrated cement I：The sorption and length-change isotherms [J]. Journal of Applied Chemistry，1964，14 (2)：87-93.

[42] R. F. Feldmen，P. J. Sereda. A model for hydration Portland cement as deduced from sorption-length change and mechanical properties [J]. Mater Construction，1968，6：509-520.

[43] 杨南如．C-S-H 凝胶结构模型研究新进展 [J]. 南京化工大学学报，1998，20 (2)：78-85.

[44] A. J. Katz，A. H. Thommpson. Quantitative prediction of permeability in porous rock [J]. Phys. Rev. B，1986，34 (11)：8179-8181.

[45] D. S. Mclachlan，M. Blaszkiewicz，R. E. Newnham. Electrical resistivity of composites [J]. Journal of the American Ceramic Society，1990，73 (8)：2187-2203.

[46] D. S. Mclachlan. An equation for the conductivity of binary mixtures with anisoteopic grain structures [J]. J. Phys. C：Solid State Phys，1987，20：865-877.

[47] 赵铁军，朱金铨，冯乃谦．高性能混凝土的渗透性 [J]. 混凝土与水泥制品，2004，136 (2)：6-8.

[48] 赵铁军，李淑进．混凝土的强度与渗透性 [J]. 建筑技术，2002，33 (1)：20-21.

[49] 李淑进，万小梅，赵铁军．混凝土的渗透性与耐久性 [J]. 海岸工程，2001，2：68-72.

[50] 杨钱荣．掺粉煤灰和引气剂混凝土渗透性与强度的关系 [J]. 建筑材料学报，2004，7 (4)：457-461.

[51] Shannag，M. J. High strength concrete containing natural pozzolanand silica fume [J]. Cement and Concrete Composites，2000，22 (6)：399-406.

[52] L. J. Parrot. Influence of cement type and curing on the drying and air permeability of cover concrete [J]. Magazine of Concrete Research，1995，47 (171)：103-111.

[53] Abbas，MCarcasses. J. P. Ollivier. The importance of gas permeability in addition to the compressive strength of concrete. Magazine of Concrete Research，2000，52 (1)：1-6.

[54] 钱觉时．粉煤灰特性与粉煤灰混凝土［M］．北京科学出版社，2002.

[55] 吴丹琳，王培铭．水泥水化过程计算机模拟研究-CEMHYD3D系统分析与模拟实现［J］．材料导报，2007，04（4）：100-103.

[56] 张栋良．基于三维图像重建的水泥水化过程微观结构模型研究［D］．济南：济南大学，2003.

[57] 王岩，李旭东，何忠茂．水泥水化过程的计算机模拟［J］．兰州理工大学学报，2005（4）：112-115.

[58] 雷海林．水泥水化过程的计算机模拟算法分析［D］．大连：大连理工大学，2005.

[59] 王彩辉，孙伟，蒋金洋，等．水泥基复合材料在多尺度方面的研究进展［J］．硅酸盐学报．2011.04，726-737.

[60] B. Bary，S. Bejaoui，Assessment of diffusive and mechanical properties of hardened cement pastes using a multi-coated sphere assemblage model［J］．Cem. Concr. Res，2006，（36）：245-258.

[61] S. Bejaoui，B. Bary. Modeling of the link between microstructure and effective diffusivity of cement pastes using a simplified composite model［J］．Cement and Concrete Research，2007，（37）：469-480.

[62] E. J. Garboczi，L. M. Schwartz，D. P. Bentz. Modelling the D. C. electrical conductivity of mortar［J］．Material Research Society Symp. Proc，1995，（370）429-436.

[63] Stora E，He Q. C，Bary B. A mixed composite spheres assemblage model for the transport properties of random heterogeneous materials with high contrasts［J］．J. Appl. Phys，2006，100（8）：3125.

[64] D. S. Mclachlan，M. Blaszkiewicz，R. E. Newnham. Electrical resistivity of composites［J］．Journal of the American Ceramic Society，1990，73（8）：2187-2203.

[65] Lu Cui，Jong Herman Cahyadi. Permeability and pore structure of OPC paste［J］．Cement and Concrete Research，2001，（31）：277-282.

[66] M. P. Yssorche Cubayne. Microfissurationet durabilite desBHP etBTHP（Phd thesis）［D］．Unicersite Paul Sabatier，Toulouse，1995.

[67] N. V. Nayak，V. K. Jain. Handbook on advanced concrete technology［M］．Oxford：AlphaScience International Ltd，2012. 02.

耐久性混凝土的配制与其氯离子传输性能实验研究

水泥混凝土是当代使用最广的建筑结构材料，也是当前最大宗的人造材料。水泥混凝土与其他常用建筑材料如钢材、木材、塑料等相比，生产能耗低、原料来源广、工艺简单，因而生产成本低，并具有高强、防火、适应性强、应用方便等特点。因此，在今后相当长的时期仍将是应用最广、用量最大的建筑材料，但混凝土同时也有明显的缺陷，例如不利环境下的耐久性问题、高强度下的韧性问题等。事物的发展总是遵循对立统一的规律，任何事物总是在不断克服自身缺点的过程中发展的，经过不断的否定之否定，趋向于完善，从混凝土的发展也可以看到这个过程。

2.1 耐久性混凝土的配制方法

2.1.1 混凝土主要问题

近百年来，混凝土的发展趋势是强度不断提高。20 世纪 30 年代混凝土强度平均为 10MPa，50 年代约为 30MPa，60 年代约为 30MPa，70 年代已上升到 40MPa，发达国家越来越多地使用 50MPa 以上的高强混凝土。这是由于使用部门不断提高强度的要求所致。尤其是近 50 年来，片面提高强度尤其是早期强度而忽视其他性能，造成水泥生产向大幅度提高磨细程度和增加硅酸三钙、铝酸三钙的含量发展，水泥 28d 胶砂抗压强度从 30MPa 左右猛增到 60MPa，增加了水化热，降低了抗化学侵蚀的能力，流变性能变差。提高混凝土强度的方法除采用高强度水泥外，更多的是增加单方水泥用量，降低水灰比与单方加水量。因此混凝土的和易性随之下降，施工时振捣不足，易引起质量事故。直到 20 世纪 80 年代，混凝土耐久性问题愈显尖锐，因混凝土材质劣化和环境等因素的侵蚀，出现混凝土建筑物破坏失效甚至崩塌等事故，造成了巨大损失，加上施工能耗、环境保护等问题，传统的水泥混凝土已显示出不可持续发展的缺陷。我国进入 21 世纪以来常用混凝土强度已从 20～30MPa 提高到 30～50MPa，使用强度等级 C50 以上的混凝土越来越多，部分项目配制使用了 80MPa 以上的混凝土。混凝土强度越高，结构延性越差，给结构抗震性能带来的隐患越大。由于对施工质量的不信任，混凝土的试配强度往往比设计强度提高一个等级以上，C50 混凝土的强度实际上超过 60MPa，再加上水泥用量的增加，进一步增加了温度应力、收缩开裂和化学侵蚀破坏的可能。

2.1.2 耐久性混凝土

自从硅酸盐水泥出现后，经历了漫长的发展过程。经过无数革新、创造与发明，混凝土科技内容已十分丰富。在没有现代水泥的古代，火山灰质混凝土能经历几百年甚至两千多年仍然完好，是石灰-火山灰胶凝材料具有卓越耐久性能的最有力证据。在科学技术飞速发展的今天，混凝土耐久性问题却一直被认为是技术上不好解决的难题，混凝土耐久性指标被定在30年、50年，最多也不过100～200年。混凝土耐久性已成为各国混凝土科技人员致力研究的重要课题。早在30年前，28d抗压强度超过50MPa的高强度混凝土已开始在工程中应用。有些有远见卓识的专家考虑到某些工程的需要，在提出高强度指标的同时，也提出耐久性和施工性的要求。直到20世纪80年代末，尤其是21世纪以来，在很多重要工程中成功地采用高性能混凝土（High Performance Concrete，简称HPC）。尽管不同国家不同学者结合各自的认识、实践、应用范围和目的要求的差异，对高性能混凝土有不同的定义和解释，但共同的观点是高性能混凝土的基本特征是按耐久性进行设计，保证拌合物易于浇筑和密实成型，不发生或尽量减少由温度和收缩产生的裂缝，硬化后有足够的强度，内部孔隙结构合理且有低渗透性和高抗化学侵蚀性。对不同的工程有其重点关注的要求，因此，吴中伟院士为高性能混凝土下的定义是高性能混凝土是一种新型高技术混凝土，是在大幅度提高普通混凝土性能的基础上采用现代混凝土技术制作的混凝土，是以耐久性作为设计的主要指标。针对不同用途要求，在耐久性、施工性、适用性、强度、体积稳定性、经济性等性能方面有重点地予以保证。各个强度等级的混凝土都可做到高性能。为此，高性能混凝土在配制上的特点是低水胶比，选用优质原材料，除水泥、水和骨料外，必须掺加足够数量的矿物掺合料和高效减水剂，减少水泥用量。高性能混凝土中耐久性是最重要的指标，配制耐久性混凝土不仅是对传统混凝土技术的重大突破，而且在节能、节料、工程经济、劳动保护以及环境等方面都具有重要意义，是一种环保型、集约型的新型材料，并将为建筑工程自动化准备条件。耐久性混凝土是21世纪的主流混凝土，是混凝土技术的主要发展方向。我国高强耐久性混凝土的研究、应用在有限的经费支持下发展较快，但缺少统一的规划，由于经费不足而缺乏系统研究，有很多只是低水平或同水平的重复。实际上，在耐久性混凝土今后的发展过程中，还要解决材料与工程技术乃至管理方面的很多难题，现列举如下。

1. 如何选择和使用矿物掺合料

矿物掺合料的使用是火山灰材料→石灰胶凝材料→硅酸盐水泥→混合材料水泥→高性能混凝土的组分这样一个否定之否定的发展过程。矿物掺合料不仅有利于水化作用，提高强度、密实度和施工性，增加粒子密集堆积，减小孔隙率，改善孔结构，而且对抵抗侵蚀和延缓性能的劣化等都有较大作用。当前需要注意以下问题。

（1）矿物掺合料在混凝土中的使用不同于按现行标准生产的掺合料水泥（如火山灰质硅酸盐水泥、矿渣硅酸盐水泥、粉煤灰硅酸盐水泥以及复合硅酸盐水泥），而是将矿物掺合料作为混凝土中除水泥、水和骨料外的必要组分进行设计，设计方法区别于传统的方法。

（2）古罗马时代石灰-火山灰混凝土均用于拱、券、墙等受压结构，未使用钢筋。现代钢筋混凝土和预应力混凝土不可能照搬，原因一是石灰-火山灰胶凝材料凝结时间缓慢，不适应现代施工速度的要求；二是碳化对钢筋的保护不利。混凝土掺用大量矿物掺合料，在水胶比很低且没有裂缝的情况下，可有效地起到保护钢筋的作用。但是对于受弯构件，当受拉区出现裂缝后，碳化性能如何？如何检查钢筋锈蚀情况？由此推算矿物掺合料的掺加上限应是多少？

（3）按现行标准检验属于相同级别的矿物掺合料，实际使用时的效果会有很大差别（如强度发展、凝结性能、流变性质等）。为保证矿物掺合料的稳定性，如何准确而全面地评定矿物掺合料的活性？如何科学地分类？如何根据各自的优缺点进行复合，以取长补短，充分发挥其有利作用？

2. 高效减水剂与复合外加剂的开发改性和使用以及相关问题

高效减水剂解决了混凝土的低水胶比和低用水量与施工性之间的矛盾，因而成为不可缺少的组分。如何使用以便更好地发挥其效率，还有很多工作要做。目前我国用量最大的聚羧酸系高效减水剂生产十分分散，质量差别很大，不利于集约化生产和总体质量的提高。如何优选品牌达到生产规模化以提高和稳定产品质量？开发新品种时不仅应注重提高其减水率，而且应考虑环境保护和劳动保护，认真进行毒性检验和在混凝土中的溶出实验。高效减水剂的作用受使用方法的影响。目前主要在配制混凝土时掺入，其中与拌合水同时加入的方法效果最差，国外多采用液体高效减水剂后掺法，可提高减水率，减少混凝土坍落度损失。但最有效的方法是在生产水泥时与水泥共同粉磨，高效减水剂的品种和掺量对水泥性能的影响规律如何？水泥检验标准如何与之相适应？高效减水剂与其他外加剂以及掺合料复合使用的产品化、定型化。

3. 适应耐久性混凝土需要的高性能胶凝材料的研究与生产应用

目前国产水泥质量差异很大，搅拌站可能根据价格更换不同牌号的水泥。水泥和高效减水剂相容性很不稳定，不能适应低水胶比耐久性混凝土的需要，给高性能混凝土施工质量控制造成很大困难。预先在工厂从流变性能的需要进行石膏、掺合料和外加剂等各组分的选择和配合比优化，再选择合适的水泥熟料，调节其他辅助材料，以合适的参数共同磨细，制成适用于不同强度等级高性能混凝土的胶凝材料，则可大大简化施工过程，稳定混凝土质量，其用于混凝土时，可在达到相同施工性时，选用较低的水胶比；在得到高流动性的同时，拌合物不离析、不泌水，有良好的可泵性和填充性，硬化后可得到良好的耐久性。从生产来说，可降低煅烧熟料的能耗和二氧化碳的排放，大量利用工业废料，属于吴中伟院士提出的“环保型高性能胶凝材料”，有望在水泥工业的改造中发挥重要作用，并闯出一条水泥工业可持续发展的新路。除生产外，需要更新检验标准和确定混凝土配合比的方法。

4. 配合比选择和施工质量控制的计算机软件开发

耐久性混凝土对原材料和施工管理要求较高，应当建立配合比选择的专家系统以及质量管理和施工控制的计算机软件，以提高混凝土工程质量和施工效率。有学者尝试编制软件，但因力量分散、数据和参数的数量不足，以致缺乏普遍性，可由权威性管理部门投入经费，组织实力雄厚的单位和专家集中攻关。

5. 完善耐久性混凝土的性能，使其向理想化发展

耐久性混凝土大量使用矿物掺合料，既提高了混凝土性能，又减少了对水泥的需求，同时可降低煅烧熟料时二氧化碳的排放。因大量使用粉煤灰、矿渣及其他工业废料，减少了自然资源和能源的消耗以及对环境的污染。安全服役期长，可减少因修补或拆除造成的浪费和建筑垃圾。耐久性混凝土适应了人类更大规模改善和保护环境、节省资源和能源的需要，因此耐久性混凝土是可持续发展的混凝土，是 21 世纪的混凝土。但对耐久性混凝土仍要一分为二，发挥其优点，克服其缺点，以期不断完善。例如解决由于低水胶比引起的自收缩问题以及如何提高混凝土韧性的问题等。各具特点的不同材料复合，不仅可取长补短，而且可产生吴中伟院士提出的“超叠加效应”。如目前与钢管或钢骨架组合，用合成纤维提高抗裂性能和断裂韧性等，可望成为带有方向性的技术路线。法国和加拿大的学者创造的活性粉末混凝土 RPC（Reactive Powder Concrete），是复合化路线的一种体现，不仅强度可达 200MPa 以上，而且与钢纤维或钢筒、钢骨架共同作用，可得到极好的结构力学性能，其造价只及钢材价格的五分之一，可在同体积的基础上代替钢材，用于桥梁等高荷载结构中。耐久性混凝土具有很丰富的技术内容，但其核心是保证耐久性，不能片面追求任何单一性能，这需要我们不断全面地认识和改造，使其向理想化发展。

2.1.3 耐久性混凝土的配制方案

1. 提高混凝土耐久性的技术路线

在胶凝材料中，采用低水泥用量，增加辅助性胶凝材料矿物掺合料。其目的是改善混凝土中细微颗粒的级配，提高浆体和界面的致密性；改善混凝土的拌合物的施工性能；降低混凝土内部由于水泥水化热而产生的温升，改善胶凝材料的组分，提高抵抗环境中化学介质腐蚀的能力；调整混凝土内部实际强度的发展。用高效外加剂，提高混凝土的浇筑性能，使其具有良好的和易性。采用低水胶比，以减少毛细孔，增强界面，提高混凝土的致密性；降低混凝土的内部温升；发挥辅助胶凝材料的作用。

提高混凝土的耐久性的技术路线及其目的和作用如图 2-1 所示。

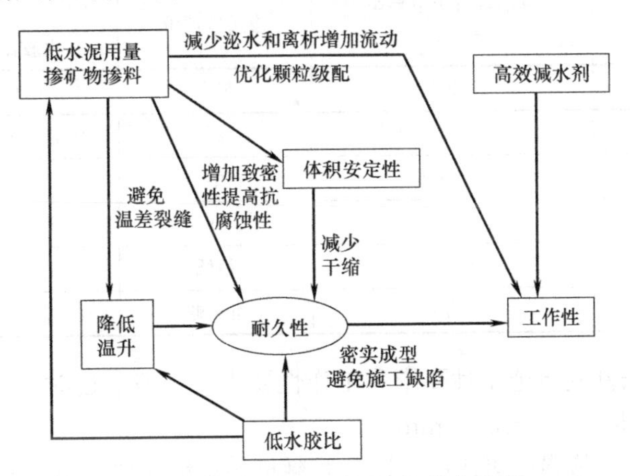

图 2-1　提高混凝土耐久性的技术路线

提高混凝土的耐久性方法主要可以概括为：选择合适的混凝土外加剂；选择合适的矿物掺合料；选择合适的骨料；选择适合耐久性的胶凝材料；选择配合比和控制施工质量。

2. 耐久性混凝土的设计原则

（1）材料的选择应符合耐久性混凝土的要求，级配、物理性能、力学性能、化学性能要好。

（2）按耐久性设计应首先满足低渗透性的要求。按工程设计抗渗性指标，确定氯离子扩散系数要求，作为初选水胶比的依据。

（3）胶凝材料总量应大于设计相同强度等级传统混凝土时的水泥用量，以保证良好的施工性并有利于提高混凝土的耐久性。对不同强度等级的混凝土，胶凝材料总量一般应不少于 400kg/m^3，不大于 500kg/m^3。

(4) 砂率按混凝土施工性调整。为不严重影响混凝土弹性模量，砂率不宜大于 45%。

(5) 由于胶凝材料中各组分密度相差较大，宜采用绝对体积法进行配合比的计算。至少第一盘试配料要采用绝对体积法。混凝土拌合物应有最小的砂石空隙率。

(6) 试配后应检验其强度是否满足设计要求，检验应按配制强度进行。混凝土配制强度，见式 (2-1)：

$$f_{cu,0}=f_{cu,k}+1.645\sigma \tag{2-1}$$

式中 $f_{cu,0}$——混凝土配制强度 (MPa)；

$f_{cu,k}$——混凝土设计强度 (MPa)；

σ——混凝土强度标准差 (MPa)，若无统计资料档案，设计强度等级为 C50 以下时，σ 取 5.0MPa，设计强度等级为 C50 以上时（含 C50），σ 取 6.0MPa。

(7) 按计算出的配合比进行试拌，检验施工性。调整其坍落度和坍落扩展度，观察体积稳定性，测定混凝土的表观密度，调整计算密度和各材料用量。

3. 耐久性混凝土配合比计算步骤

(1) 按工程所要求的耐久性，确定目标氯离子扩散系数，可参考表 2-1 选择水胶比。

混凝土的参考数据 **表 2-1**

氯离子扩散系数 ($10^{-14}m^2/s$)	饱盐混凝土电导率 ($10^{-4}m/s$)	渗透性评价	参考混凝土	
			水胶比	28d 强度
>1000	>2000	很高	>0.60	<30
500～1000	1000～2000	高	0.45～0.60	30～40
100～500	200～1000	中	0.40～0.45	40～60
50～100	100～200	低	0.35～0.40	60～80
5～50	12～100	很低	0.30～0.35	80～100
<5	<10	可忽略	<0.30	>100

(2) 按照施工条件确定施工性要求和工作性要求。一般泵送时混凝土坍落度 (200±20) mm，坍落扩展度 (500±50) mm。

(3) C30 以上时，依强度等级的不同，胶凝材料总量变动于 400～500kg/m^3 之间。

(4) 根据步骤 1 初选的水胶比和步骤 3 初选的胶凝材料总量计算用水量。

(5) 计算砂石用量用砂浆填充石子孔隙乘以砂浆富余系数，列出式 (2-2)、式 (2-3)：

$$V_C+V_W+V_s=P_0\cdot k\cdot V_{0G} \tag{2-2}$$

按绝对体积法列出下式：

$$\frac{C}{\gamma_C}+\frac{W}{\gamma_W}+\frac{S}{\gamma_S}=P_0\cdot k\cdot\frac{G}{\gamma_{0G}} \tag{2-3}$$

式中 V_C、V_W、V_s——分别为每立方米混凝土中水泥、水、砂的密实体积 (m^3)；

V_{0G}——每立方米混凝土中石子的松堆体积 (m^3)；

C、W、S、G——分别为每立方米混凝土中水泥、水、砂、石子用量 (kg)；

γ_C、γ_W、γ_S、γ_G——分别为水泥、水、砂、石子的表观密度（kg/m^3）；

γ_{0G}——石子的堆积密度（kg/m^3）；

P_0——石子的空隙率（%）；

k——砂浆富余系数，对高性能混凝土或高强泵送混凝土，$k=1.7\sim2.0$。

根据步骤5中公式，即可计算出砂石体积，再根据砂石表观密度计算砂石用量。

（6）按胶凝材料总量掺高效减水剂试拌，进行坍落度和坍落扩展度试验；测定拌合物表观密度，调整配合比，校验强度。

4. 简易绝对体积法

经北京市建筑材料研究院实验验证，吴中伟院士提出的简易绝对体积法，对砂石来源稳定的搅拌站，有简便易行的优点。其基本原则是要求砂石有最小的混合空隙率，按绝对体积法原理计算，步骤如下。

（1）按耐久性要求确定氯离子扩散系数，按表2-1初选水胶比。

（2）求砂石混合空隙率α，选择最小值。先按石子级配情况设定砂率，如石子级配较好，可设砂率为38%～40%，石子级配不好则砂率可加大，但不宜超过45%。按砂率换算成砂石比，将不同砂石比的砂石混合，分三次装入一个15～20L的不变形的钢桶中，每次用直径为15mm的圆头捣棒各插捣30下（或在振动台上振动至试料不再下沉为止），刮平表面后称量，计算捣实密度ρ_0（kg/m^3），测出砂石混合料的混合表观密度ρ（g/cm^3），一般为$2.65g/cm^3$左右。计算砂石混合料的空隙率$\alpha=(\rho-\rho_0)/\rho$，最经济的混合空隙率约为16%，一般为20%～22%，若为24%左右则是不经济的。

（3）计算胶凝材料浆量。胶凝材料浆量等于砂石混合空隙体积加富余量。胶凝材料浆富余量ΔV_p取决于工作性要求、外加剂性质和掺量（可先按坍落度为180～200mm，估计为8%～10%），由试拌决定。则浆体积见式（2-4）：

$$V_P=\alpha+\Delta V_p \tag{2-4}$$

（4）计算各组分用量。设1份胶凝材料中掺粉煤灰量为f，表观密度为γ_f，磨细矿渣掺量为k，表观密度为γ_k，水胶比为W/B，水泥用量为c，表观密度为γ_C，水W，$f+k+c=1$，则1份胶凝材料的体积见式（2-5）：

$$V_B=\frac{f}{\gamma_f}+\frac{k}{\gamma_k}+\frac{C}{\gamma_c}+\frac{W}{1} \tag{2-5}$$

则每升浆体中胶凝材料用量b见式（2-6）：

$$b=\frac{1}{V_B} \tag{2-6}$$

$1m^3$中胶凝材料总量$B=V_P\times b$，单位kg；水泥$C=B\times c$；粉煤灰$F=B\times f$；磨细矿渣$K=B\times k$；水$W=C\times(W/C)$；集料总量$A=(100-V_P)$；砂$S=A\times$砂率；石$G=A-S$。

因引入浆体积富余量，总体积略超过$1m^3$，所计算的各材料用量总和需按实测的表观密度校正。

（5）调整。按15L钢桶试配的砂石量加以上胶凝材料、水各量乘以1.5%，掺入外加剂试拌，测坍落度和坍落扩展度，如不符，则调整富余量或外加剂掺量。达到要求后，再装入桶中，称量桶中混凝土和多余混凝土拌合料重量，求出混凝土表观密度，并校正各计算量。一般允许坍落度±20mm，富余量±1.5%。在此基础上，经多次试拌，求得符合要求的合理、经济的配合比。

2.2 耐久性混凝土的实验设计

现代混凝土水胶比低，胶凝材料掺量大，组分复杂，任何施工工序中的操作不当都容易产生各种裂缝，造成其耐久性降低，缩短工程服役寿命。其中无论氯离子诱发的钢筋锈蚀，还是碱-骨料反应、硫酸盐膨胀等造成的混凝土结构破坏，其本质都是介质的传输所致。

2.2.1 实验原材料

水泥 *C*：湖北省黄石市华新水泥股份有限公司 52.5 硅酸盐水泥，密度 3.15g/cm^3。

细骨料 *S*：采用河沙，表观密度 2.65g/cm^3，含泥量（按质量计）<1.5%，泥块含量（按质量计）<0.5%。粗骨料 *G*：碎石，最大粒径 10mm，表观密度 2.70g/cm^3。

水 *W*：采用自来水，对水泥和混凝土无害。

粉煤灰 *FA*：采用镇江谏壁电厂华源一级 Class F（低钙）灰。细度，比表面积 400m^2/kg。

外加剂 *J*：江苏建科院聚羧酸系减水剂，固含量 30%，减水率 35%。

硅灰 *SF*：采用贵州海天铁合金磨料有限公司生产的硅灰，细度，比表面积 22205m^2/kg。

2.2.2 实验配合比

具体见表 2-2～表 2-4。

净浆配合比　　表 2-2

水胶比	矿物掺合料		用量计算结果(kg/m^3)			外加剂掺量(%)
	种类	掺量(%)	水泥用量	掺合料用量	水用量	
0.23	水泥	100	1827	—	420	0.3
0.35	水泥	100	1498	—	524	0.2
0.53	水泥	100	1180	—	625	—
0.23	硅灰	4	1754	73	420	1
0.23	硅灰	8	1680	146	420	1
0.23	硅灰	10	1644	183	420	1.5
0.23	硅灰	13	1589	237	420	1.5
0.35	粉煤灰	10	1348	150	524	0.3
0.35	粉煤灰	30	1049	449	524	0.3
0.35	粉煤灰	50	749	749	524	0.3

砂浆配合比 **表 2-3**

水胶比	砂体积率(%)	矿物掺合料			用量计算结果(kg/m³)			外加剂(%)
		种类	掺量	细度模数	水泥	砂子	矿物	
0.35	50	—	—	粗 3.58	749	1310	—	0.3
0.35	50	—	—	中 2.58			—	
0.35	50	—	—	细 1.8			—	
0.23	50	—	—	中 2.58	913	1310	—	0.5
0.53	50	—	—		590		—	—
0.23	50	硅灰	4	中 2.58	719	1310	30	0.5
	50		8		689		60	
	50		12		659		90	
0.35	50	粉煤	10	中 2.58	674	1310	75	0.3
0.35	50		30		524		225	
0.35	50		50		374.5		374.5	

混凝土配合比 **表 2-4**

W/C	W(kg/m³)	C(kg/m³)	FA 或 SF	S(kg/m³)	G(kg/m³)	$S/(S+G)$
0.53	196	370	—	734	1100	40%
0.35	157.5	450	—	680	1133	37.5%
0.23	130.6	568	—	600	1114	35%
0.35	157.5	405	45(FA)	680	1133	37.5%
		315	135(FA)			
		225	225(FA)			
0.23	130.6	545.28	22.72(SF)	600	1114	37.50%
		522.56	45.44(SF)			
		499.84	68.16(SF)			

2.2.3 实验设备及实验方法

1. 实验设备

WE-10B 万能液压实验机；NEL 型饱水饱盐装置；NEL 型 RCM 渗透性快速检测仪；C1202 混凝土渗透性电测仪；稳态电迁移试验设备（自制）。

2. 宏观实验方法

(1) 基本力学性能试验：根据《普通混凝土力学性能试验方法标准》采用 WE-10B 万能液压实验机测定水泥净浆和砂浆试件 14d 和 28d 龄期的抗折、抗压强度，混凝土 28d 和 90d 的抗压强度。

(2) RCM 快速氯离子检测试验：本实验采用 NEL 型渗透性快速检测系统测定水泥净浆和砂浆的抗渗性。实验设备见图 2-2 和图 2-3。

制作试件标准养护 28d 龄期后，采用切割机切割直径 100mm、厚度 50mm 的圆柱体

图 2-2　RCM 型实验装置

图 2-3　NEL 型饱水饱盐装置

试件测试氯离子扩散系数。切割后试件采用 NEL 型混凝土快速真空饱水饱盐设备进行保水，保水过程经过抽真空、注水、浸水，再抽真空，经停连续几道工序，使试件到完全饱水效果供实验。

将 28d 标准养护直径 100mm、厚度 50mm 试件真空饱水后，放入橡胶管中倾斜放置池内，管内装入 0.2mol/L 的 KOH 溶液，管外放入含 5%NaCl 的 0.2mol/L 的 KOH 溶液，橡胶管内外溶液液面齐平，通 30V 直流电压，根据初始电流查表获得通电时间，通电后测氯离子渗透深度。根据式（2-7）计算氯离子扩散系数。

$$D_{\mathrm{RCM},0}=2.872\times10^{-6}\frac{Th(x_{\mathrm{d}}-\alpha\sqrt{x_{\mathrm{d}}})}{t} \tag{2-7}$$

式中　RCM——测试氯离子渗透系数（m^2/s）；

T——绝对温度(K)；

h——试件高度（m）；

x_{d}——氯离子渗透深度（m）；

t——通电时间（s）；

α——辅助参数，$\alpha=3.338\times10^{-3}\sqrt{Th}$。

（3）ASTMC1202 电通量实验：通过测定水泥净浆和砂浆试件 6h 总导电量，判断氯离子的渗透性能，以此评价试件的抗渗透性能。试验方法见图 2-4、图 2-5。

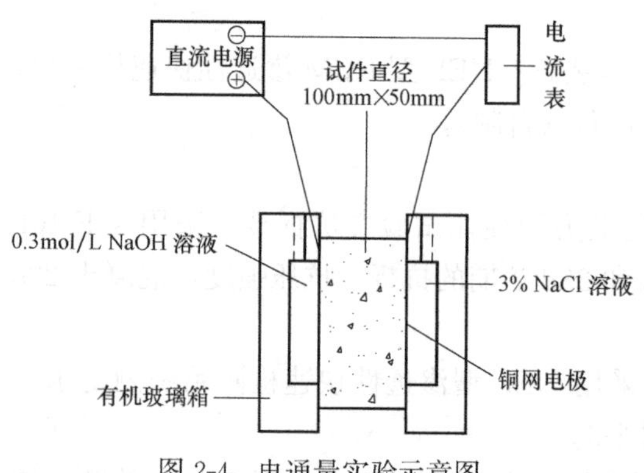

图 2-4　电通量实验示意图

图 2-5　电通量实验装置

试件标准养护 28d 后切割成厚度为 50mm 的直径 100mm 的圆柱体，侧面采用密封材料密封；采用 NEL 型混凝土快速真空饱水饱盐设备进行保水，保水过程经过抽真空、注水、浸水，再抽真空，经停连续几道工序，使试件到饱水效果；保水后试件表面简单干燥后安装在电通量装置上，两侧设铜片电极，注意防止漏水；试件两侧有机玻璃溶液池内，一侧为 3.0%的 NaCl 溶液（负极），另一侧为 0.3mol/L 的 NaOH 溶液（正极），注意电极不要接反。

加电 60V 直流电压后，每隔 30min 记录一次电流值，实验 6h 结束，可人工记录也可以电脑进行采集。实验电通量按式（2-8）进行计算：

$$Q=900\times(I_0+2I_{30}+2I_{60}+\cdots+2I_{300}+2I_{330}+I_{360}) \tag{2-8}$$

式中 Q——电量值（C）；

I_i——瞬时电流值（A），$i=0$，30，60，…，300，330，360min。

（4）稳态电迁移实验方法

随着混凝土技术的发展，现代的混凝土由于掺加了大量的矿物掺合料、高效减水剂和施工质量的提高，其渗透性普遍较低，稳态自然扩散实验（扩散室法）会花费很长的时间达到稳态。解决方法一种为增加氯离子溶液的浓度，但在这种情况下，由于离子交互作用的影响，扩散机制可能会不遵循菲克定律；另一种为施加外部电场加速氯离子扩散，这一办法目前已经被广泛地应用。例如非稳态的电迁移实验方法-RCM 实验，外加电压为 30V，通过测试一定时间氯离子的侵入深度来计算扩散系数，但是实验时间是根据初始电流确定的，最长为 168h，对于渗透性低的混凝土即使实验 168h，其氯离子侵入深度基本难以测得，因此这种方法对于渗透性低的混凝土无法得出有效的扩散系数。直流电量法 ASTM C1202 实验时间为 6h 外加电压为 60V，对于渗透性低的混凝土得出的电量值也无法进行有效比较，而且电压过高会发热对实验结果产生影响，并且无法得到有效的氯离子扩散系数。为既能加速实验，又能较好地测试低渗透性的混凝土，根据稳态实验扩散的原理，设计通过外加电压的作用加速实验，使氯离子在能接受的时间内达到稳态，据爱因斯坦方程计算扩散系数。实验装置示意图见图 2-6，溶液池 1 中放置氯离子源的溶液，一般为氯化钠溶液；溶液池 2 中放置用于氯离子采集的溶液，一般为氢氧化钠溶液。一般来说，溶液池 1 放置 NaCl 溶液，溶液池 2 放置相同摩尔浓度的 NaOH 溶液。两个网状的电极分别置于混凝土试件的两侧，主要使电场电流经过试件。该试验装置可用于测量氯离子的扩散系数。

养护良好的水泥试件内部的孔溶液主要含有氢氧根离子、硫酸根离子以及微量的钠离子和钾离子。当施加电场后，系统中所有的离子都将在电场力 F1 的驱动下运动，见图 2-7。对于一些离子来说，由于浓度梯度的存在而产生的化学驱动力也是引起运动的原因。然而，系统中除了氯离子之外的其他离子都将因为系统达到平衡而停止运动。因此，当稳态迁移完成时，混凝土试件中预先存在的离子将被移出，这样的话，试件中的

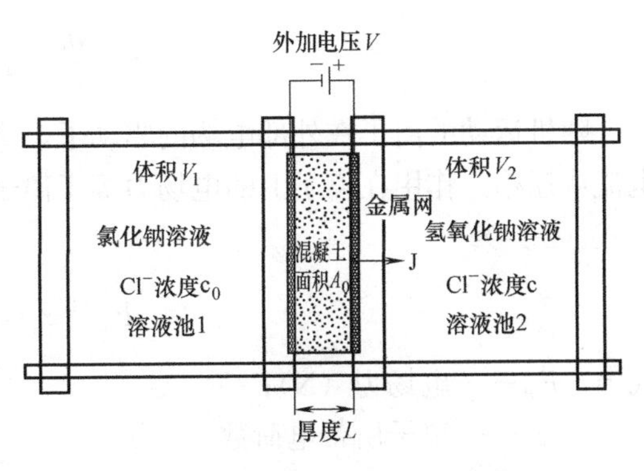

图 2-6 实验装置示意图

离子以氯离子和钠离子为主。系统中还可能存在少量的钙离子和氢氧根离子，这是由于水泥浆体中氢氧化钙晶体继续溶解造成的。在通过电场力测试氯离子的扩散时，浓度梯度逐渐减小直至稳态迁移完成。然后，由于在氯离子采集溶液中，氯离子流量和浓度的提高将是匀速不变的。这时，可以假设试件内匀速运动的氯离子的速度相当于流动速度，在稳态迁移中，试件内的氯离子浓度梯度不会造成明显的影响，其原因是外加电场足够强以至于足以克服化学驱动力。电压为 12V 左右时，电驱动力是化学驱动力的几百倍，这时以外加电驱动力为主。专门设计的实验装置现场见图 2-8。

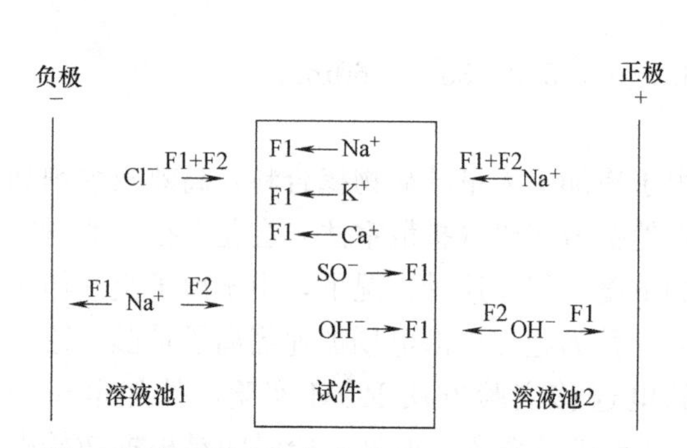

图 2-7　电驱动力和化学驱动力作用下离子运动

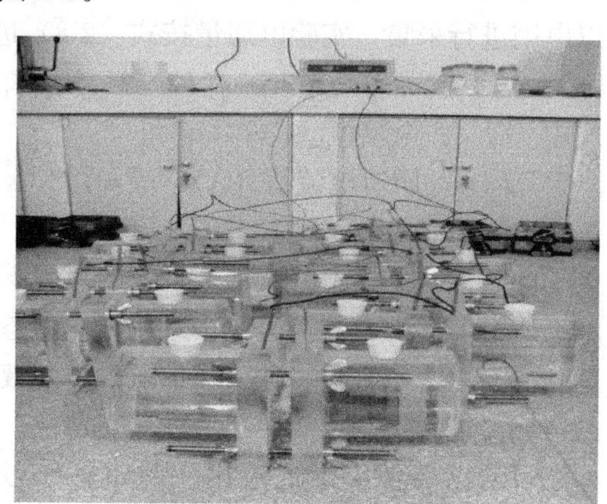

图 2-8　稳态电迁移实验装置

具体计算过程：

扩散是由分子和离子的无规则运动导致，沿扩散方向的扩散通量与浓度梯度成正比，用菲克第一定律表示见式（2-9）：

$$J=-D\frac{dc}{dx} \tag{2-9}$$

式中　J——介质的扩散通量（$g/m^2 \cdot s^{-1}$）；

D——介质的扩散系数（$cm^2 \cdot s^{-1}$）；

$\frac{dc}{dx}$——介质扩散的浓度梯度（$mol \cdot cm^{-4}$）。

式（2-9）只适用于稳态扩散，而对于非稳态过程中，可用菲克第二定律表示，见式（2-10）：

$$\frac{\partial c}{\partial t}=D\frac{\partial^2 c}{\partial x_2} \tag{2-10}$$

随机运动的离子在外部电场的驱动下，离子会向与其电性相反的电极运动，从而形成电流或迁移。作用在离子上的电场力等于离子所带的电量乘以离子所处位置的电场强度，见式（2-11）。

$$F_d=z_i e_0 E\frac{1}{300} \tag{2-11}$$

式中　F_d——电场力（N）；

z_i——离子所带电荷数；

e_0——电子或质子电量（$4.8\times10^{-10} e\cdot s\cdot u$）；

E——电场强度（V/cm）。

当电场强度达到一定程度以至于克服离子在该环境中运动所产生的阻力，离子的稳态迁移速率（v_d）与离子所受电场力（F_d）成正比。因此，离子的扩散量与离子所处电场的电场强度（E）成正比。

这一基本法则适用于宏观的描述迁移过程。在电场力驱动下的离子的迁移速率取决于离子自身的迁移率，被定义为单位驱动力下离子的迁移速率，见式（2-12）。

$$u_{abs}=\frac{v_d}{F_d} \tag{2-12}$$

式中 u_{abs}——绝对迁移速率（m/N·s）；

v_d——迁移速率（m/s）；

F_d——电场力（N）。

式（2-12）中所描述的驱动力可以是由浓度梯度引起的化学驱动力，也可以是外加电场引起的电场力。因此，如果在浓度梯度与外加电场同时存在的条件下，离子的运动将同时受到电场和化学驱动力的作用。尽管扩散和迁移的机制不同，它们之间却存在着本质的联系，表示为爱因斯坦方程，见式（2-13）：

$$D=u_{abs}kT \tag{2-13}$$

式中 D——介质的扩散系数（m^2/s）；

u_{abs}——绝对迁移速率（m/N·s）；

k——玻尔兹曼常量（$1.38\times10^{-16}ergs\cdot K^{-1}$）；

T——热力学温度（K）。

由于扩散系数和迁移率都能反映单一条件下离子的运动，当化学驱动力与电场力同时存在时，离子的流量可以定义为式（2-14）：

$$J=\frac{D}{RT}czFE-D\frac{dc}{dx} \tag{2-14}$$

其中 R 和 F 分别为摩尔气体常量和法拉第常数，这个方程被称为能斯特方程。式中的第一部分和第二部分分别描述了迁移和扩散的贡献。这一方程可以在特定的边界条件及假定下预测扩散系数。根据爱因斯坦方程式（2-13）所描述的扩散和迁移的理论关系，可以通过测量稳态迁移下氯离子的实际迁移率来计算氯离子的扩散系数，见式（2-15）：

$$u_{act}=\frac{v_{eq}}{F_d} \tag{2-15}$$

其中 v_{eq} 表示稳态条件下通过混凝土的氯离子的移动速度，F_d 为式（2-11）中所述的电场力。

用实际迁移率（u_{act}）代替绝对迁移率（u_{abs}）后，式（2-13）变为式（2-16）：

$$D=u_{act}kT \tag{2-16}$$

联立式（2-11）、式（2-15）和式（2-16）可以得出式（2-17）：

$$D=300\frac{kT}{ze_0E}v_{eq} \tag{2-17}$$

稳态迁移中，一段时间 t 内通过图 1 所示 A_0 部分的氯离子的总量为式（2-18）：

$$Q=J\cdot t \tag{2-18}$$

其中 J 表示氯离子通量，t 为时间。

式（2-18）的微分形式为式（2-19）：

$$dQ = J \cdot dt = \frac{V_2}{A_0} dc \tag{2-19}$$

其中 V_2 表示溶液池 2 的容积，dc 表示溶液池 2 中氯离子浓度的增量。

用 V 取代 V_2，那么，从试件中流出的氯离子的通量 J_{out} 为式（2-20）：

$$J_{out} = \frac{V}{A_0} \frac{dc}{dt} \tag{2-20}$$

流入试件的氯离子的通量 J_{in} 为式（2-21）：

$$J_{in} = v_{eq} c_0 \tag{2-21}$$

在稳态过程中，存在等式（2-22）：

$$J_{in} = J_{out} \tag{2-22}$$

通过式（2-22）可以解出式（2-20），得到式（2-23）：

$$v_{eq} = \frac{J}{c_0} = \frac{V}{c_0 A_0} \frac{dc}{dt} \tag{2-23}$$

联立式（2-17）和式（2-23），可得到扩散系数（D）为式（2-24）：

$$D = 300 \frac{kT}{ze_0 E} \frac{V}{c_0 A_0} \frac{dc}{dt} \tag{2-24}$$

式（2-24）给出了氯离子扩散系数与其稳态迁移速率 $\frac{dc}{dt}$ 之间的理论关系：

由于测试过程中，直流电源保持不变，电场强度保持恒定，可表示为式（2-25）：

$$E = \frac{\Delta\theta}{\Delta x} = \frac{\Delta\theta}{L} \tag{2-25}$$

式中 $\Delta\theta$ 表示外加电场的电动势；L 表示两电极之间的距离，可用来表示试件的厚度。

式（2-24）可最终表示为式（2-26）：

$$D = 300 \frac{kT}{ze_0 \Delta\theta} \frac{VL}{c_0 A_0} \frac{dc}{dt} \tag{2-26}$$

从式（2-26）可以得出，氯离子采集池中氯离子浓度增加的速率是氯离子扩散系数决定因素中唯一的变量。特别注意的是，这一表述只能在特定的测试条件及假设下应用。测试过程中，下列因素会影响测试结果。迁移系统中离子之间的相互作用，由于电极和溶液间发生电化学反应而引起的阴极产生氢气、阳极产生氧气，由于加载电压过高及混凝土电阻率过低而引起阳极产生氯气，热量的产生和温度的升高，混凝土试件中存在的浓度梯度。上述因素即使在某种程度上会影响实验结果，可以通过特定的方式控制上述大多数因素减小影响。混凝土试件中的浓度梯度会引起额外的驱动力，这种影响可以忽略不计。电极中产生的气体则可以通过保持足够低的电流及电压来加以控制，这与混凝土的电阻密切相关。适当的电压也会引起适当的热量产生和温度升高。在大多数情况下，电压取 12～24V 比较合适，但有时也会根据混凝土的电阻率而略微提高。如果测试过程中温度上升，式（2-26）在一定程度上也可以解释这一影响的原因。

在测试过程中，溶液池 1 中氯离子浓度的下降是影响测试结果的另一个可能因素。为了避免这种影响，图 2-8 所示的溶液池 1 必须足够大或者测试时间足够短，使内部离子浓度和实验开始的设定浓度变化不大。混凝土试件中氯离子存在化学结合和物理吸附现象，会减小或阻碍其流动通道。但在强电场作用下，这种影响可以忽略不计。离子间相互作用会引起电泳和弛豫效应，这种影响不能忽略不计；氯离子浓度越高，与无限稀溶液比较，浓溶液中氯离子的移动速度更迟缓，通过使用浓度较低的氯化钠溶液尽量降低这种效应，目前使用的浓度不高于 0.5mol/L 可以进行修正。

2.3 耐久性混凝土实验结果与分析

2.3.1 力学性能测试结果

水泥浆体 14d、28d 抗折强度、抗压强度的测试结果见表 2-5。

水泥浆体 14d、28d 抗折、抗压强度 **表 2-5**

水胶比	14d 抗折(MPa)	14d 抗压(MPa)	28d 抗折(MPa)	28d 抗压(MPa)
0.23	10.97	87.1	13.86	110.8
0.35	8.06	62.3	10.76	69.5
0.53	5.01	33.5	5.88	43.3
粉煤灰掺量	14d 抗折(MPa)	14d 抗压(MPa)	28d 抗折(MPa)	28d 抗压(MPa)
10%	6.02	52.1	6.67	57.7
30%	5.29	39.8	5.85	43.2
50%	3.81	27.4	4.43	32.5
硅灰掺量	14d 抗折(MPa)	14d 抗压(MPa)	28d 抗折(MPa)	28d 抗压(MPa)
4%	13.02	88.1	14.34	94.7
8%	11.51	84.3	12.62	87.2
12%	12.07	89.9	12.82	95.3

根据净浆的实验结果可知水胶比是影响强度指标的重要因素，目前实验中选取的水胶比涵盖了工程中常用的低强、中强、高强混凝土的水胶比；在 28d 内，粉煤灰的掺量增加，强度降低，降低水泥用量起重要作用，二次水化、微颗粒填充效应预计会在后期发挥作用；硅灰掺量使强度降低，4%水泥降低少、12%填充效应强使这两个掺量试件强度降低较少（表 2-6）。

砂浆 14d、28d 抗折、抗压强度 **表 2-6**

参数	14d 抗折(MPa)	14d 抗压(MPa)	28d 抗折(MPa)	28d 抗压(MPa)
细砂	6.82	31.9	8.57	41.8
中砂	7.46	37.5	9.25	45.7
粗砂	6.03	30.6	7.54	41.3
水胶比	14d 抗折(MPa)	14d 抗压(MPa)	28d 抗折(MPa)	28d 抗压(MPa)
0.23	14.24	88.1	14.17	102.6
0.35	8.06	40.9	9.25	45.7
0.53	6.05	25.8	6.21	28.3

续表

粉煤灰掺量	14d 抗折(MPa)	14d 抗压(MPa)	28d 抗折(MPa)	28d 抗压(MPa)
10%	7.96	60.2	8.45	65.3
30%	7.42	41.8	8.18	47.9
50%	6.21	34.3	6.60	36.1
硅灰掺量	14d 抗折(MPa)	14d 抗压(MPa)	28d 抗折(MPa)	28d 抗压(MPa)
4%	12.01	67.9	15.02	71.6
8%	12.46	73.8	13.76	87.2
12%	10.37	73.6	11.99	84.9

砂浆强度实验结果表明砂细度模数因素比较时采用中砂的试件强度较高；粉煤灰随掺量增加 28d 强度逐渐降低；硅灰掺加后强度也降低，但其在砂浆中的填充效应和活性比较明显，随掺量增加，强度提高（表 2-7）。

混凝土的 28d 和 90d 龄期强度 **表 2-7**

水胶比	粉煤灰	硅灰	28d(MPa)	90d(MPa)
0.53	—	—	39.5	42.7
0.35	—	—	63.1	65.2
0.23	—	—	76.8	81.0
0.35	10%	—	58.7	66.3
	30%	—	56.1	63.2
	50%	—	52.5	58.3
0.23	—	4%	80.1	83.2
	—	8%	81.6	84.8
	—	12%	78.3	80.6

2.3.2 RCM 实验结果

净浆 RCM 方法实验结果，见表 2-8。

净浆 RCM 实验结果 **表 2-8**

RCM	0.23 水胶比	0.35 水胶比	0.53 水胶比
扩散系数	2.03×10^{-10}	5.88×10^{-10}	2.75×10^{-9}
RCM	*FA*10%	*FA*30%	*FA*50%
扩散系数	3.25×10^{-10}	2.38×10^{-10}	6.30×10^{-10}

在非稳态 RCM 实验中发现水胶比较大的 0.53 试件扩散深度比较明显，水胶比为 0.35、0.23 扩散深度不明显甚至无法测得，特别是掺加硅灰水胶比 0.23 的试件扩散深度几乎全部无法测得。

2.3.3 稳态电迁移实验结果

目前这种方法没有明确的标准或规程进行实验，所以很多实验参数需要摸索确定。本书选择的外加电压为12V，氯化钠溶液浓度为0.5mol/L，试件的加电面直径为10cm，具体实验设备见图2-8。为了能减少实验时间，首先测试了不同厚度的0.53水胶比的纯净浆试件，3d后每天对溶液池2中的氯离子浓度进行滴定，然后测试了其他配比试件，具体结果见图2-9和图2-10。

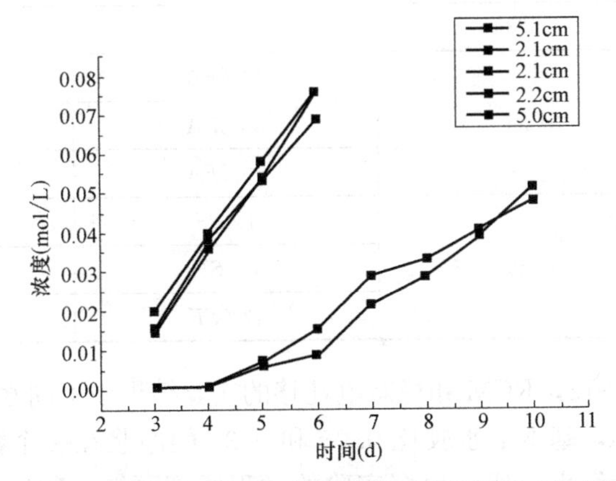

图2-9 不同厚度的0.53水胶比的纯净浆试件溶液池2浓度滴定结果

试件厚度50mm的平均扩散系数为1.87×10^{-11} m^2/s；试件厚度20mm的平均扩散系数为$2.10\times10^{-11}m^2/s$，不同厚度得到的氯离子扩散系数差别为12.3%；厚度20mm左右试件实验在第6d基本达到稳态，实验结果精度可以接受。

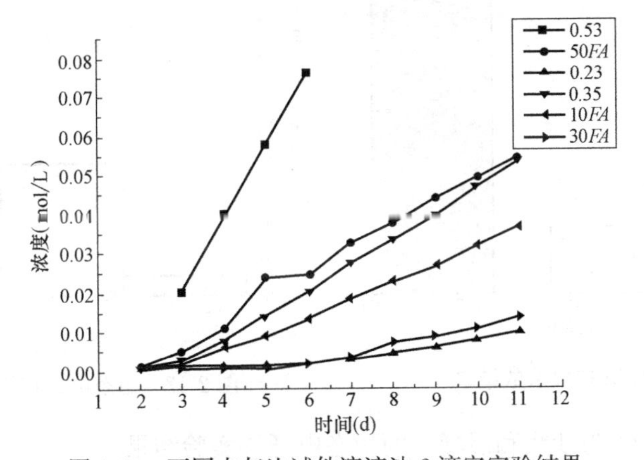

图2-10 不同水灰比试件溶液池2滴定实验结果

20mm厚度不同配比扩散系数：0.35 D=$7.70\times10^{-12}m^2/s$；10%*FA* D=5.01×10^{-12} m^2/s；30%*FA* D=1.94×10^{-12} m^2/s；50%*FA* D=$8.14\times10^{-12}m^2/s$；0.23 D=$1.16\times10^{-12}m^2/s$。掺加粉煤灰的试件和水胶比0.23纯净将试件基本上在10d左右达到稳态；由于水泥浆体均质性较好，可以适当减小试件的厚度，当试件为混凝土时应保证试件厚度达到30mm以上。混凝土试验时间较长，一般可以在15～30d左右达到稳态，加入硅灰等掺合料试件需要更长的时间。

2.3.4 稳态电迁移实验结果和分析

采用以上氯离子稳态电迁移实验设备对砂浆和混凝土进行实验，实验结果见表2-9。

胶凝材料浆体稳态电迁移实验结果 **表 2-9**

净浆	水胶比	矿物掺合料	实验结果($10^{-12}m^2/s$)
P1	0.53	—	18.7
P2	0.35	—	7.70
P3	0.23	—	1.16
P4	0.35	10%*FA*	5.01
P5		30%*FA*	1.94
P6		50%*FA*	8.14
P7	0.23	4%*SF*	1.20
P8		8%*SF*	0.72
P9		12%*SF*	0.53

根据图 2-11 和图 2-12，RCM 和稳态电迁移的实验结果中不同水胶比净浆的氯离子扩散系数的趋势是一致的，基本上水胶比 0.23 和 0.35 的净浆在一个数量级上；0.53 的净浆扩散系数较大，数量级大一级。根据实验的过程原理可知，RCM 实验适合对比实验，而稳态电迁移实验结果更能直接反映材料的渗透系能，更直接地反映氯离子在材料中的传输性能。

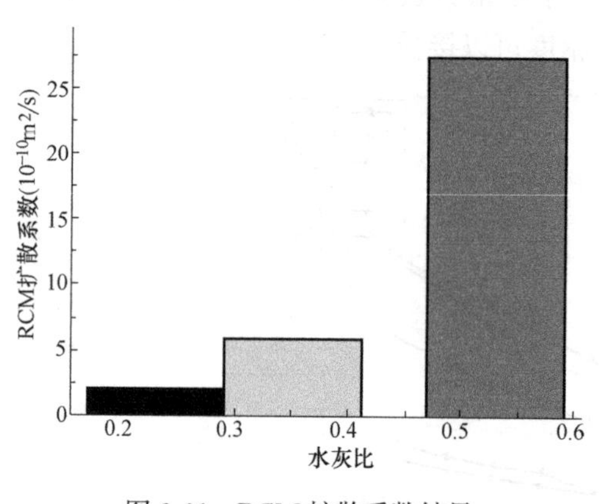

图 2-11　RCM 扩散系数结果

图 2-12　稳态电迁移扩散系数结果

表 2-10 和表 2-11 为砂浆和混凝土的稳态电迁移实验结果。

砂浆稳态电迁移实验结果 **表 2-10**

砂浆	水胶比	矿物掺合料	砂体积分数	实验结果($10^{-12}m^2/s$)
M1	0.53	—	50%	7.32
M2	0.35	—		3.93
M3	0.23	—		1.10
M4	0.35	10%*FA*		2.13
M5		30%*FA*		4.95
M6		50%*FA*		6.78
M7	0.23	4%*SF*		1.15

续表

砂浆	水胶比	矿物掺合料	砂体积分数	实验结果($10^{-12}m^2/s$)
M8	0.23	8%*SF*	50%	0.81
M9		12%*SF*		0.68
M10	0.35	—	30%	6.27
M11		—	40%	5.01

表 2-10 结果反应加入细骨料砂子后，砂浆的稳态扩散系数发生了改变，从结果来看，不同水胶比的砂浆扩散系数都有变小的趋势，这和材料中掺加了非扩散相有直接关系，相对净浆和砂子两者相比，砂子基本上很难被通过，砂浆相当于在扩散相净浆中掺加了非扩散相砂子，不考虑其他因素，砂浆的扩散系数要降低，降低的程度和砂子所占的体积分数有关，实验结果也显示砂体积分数 30%、40%和 50%中，随着体积分数增加，扩散系数降低；砂浆中等量取代掺加了粉煤灰后，主要是粉煤灰引起水泥减少和粉煤灰综合效应包括填充效应与二次水化效应等之间影响的竞争，哪一种影响起到主导作用，结果发现10%扩散系数最小，增加掺量扩散系数增加，这也和龄期是 28d 有关，随龄期时间延长，粉煤灰后期效应可能会使结果发生变化；掺加硅灰的实验结果表明，扩散系数变化较小，有随着硅灰掺量增加而变小的趋势，这主要是硅灰细度大，填充效应起主导作用的结果。

混凝土稳态电迁移实验结果 **表 2-11**

混凝土	水胶比	矿物掺合料	砂率	粗骨料最大粒径	实验结果($10^{-12}m^2/s$)
C1	0.53	—	37.5%	20	3.68
C2	0.35	—	40%		1.06
C3	0.23	—	42.5%		0.56
C4	0.35	10%*FA*	40%		2.16
C5	—	30%*FA*			2.01
C6	—	50%*FA*			3.27
C7	0.23	4%*SF*	—		—
C8	—	8%*SF*	—		—
C9	—	12%*SF*	—		—

表 2-11 实验结果表明，不同水胶比的混凝土的扩散系数基本上随水胶比降低而变小；对比混凝土的扩散系数和砂浆的扩散系数，混凝土中骨料的体积分数大大超过砂浆，粗细骨料均是非扩散相，但是混凝土的界面过渡区效应对扩散系数影响较大，具体影响多大要和非扩散相粗骨料加入效应相竞争，看哪一项起主导作用；掺加粉煤灰后，再和粉煤灰的影响效应三者竞争确定综合影响；在掺加硅灰的混凝土实验中，长时间未获得稳态的结果，实验结果没有给出。混凝土的扩散系数的变化受到非扩散相骨料、界面过渡区和矿物掺合料的综合影响，骨料会降低扩散相的体积分数但又会引起界面过渡区数量的变化，矿物掺合料的加入会影响扩散相的自扩散系数，这三个因素是预测混凝土扩散系数的重要因素。

在三种氯离子扩散性能测试方法中，电通量法的结果为累计电量不能直接获得氯离子扩散系数；RCM渗透性快速检测虽然能得到氯离子扩散系数，但是其结果表示为在设定时间内检测的扩散深度内氯离子的相对扩散度率；稳态电迁移的实验可以在扩散达到稳定状态下反映氯离子的扩散速度，客观对应着材料内部形成扩散通路，比较真实的反映氯离子扩散的速率。前两种方法可以对比较试验结果，排除错误或离散性等实验数据。

参考文献

[1] 廉慧珍，阎培渝. 21世纪的混凝土及其面临的几个问题 [J]. 建筑技术，1999，1：14-16.

[2] 殷素红，文梓云. 混凝土耐久性研究专家系统结构及设计思想 [J]. 混凝土，2002. 1：3-6.

[3] 黄士元. 混凝土耐久性设计要点 [J]. 混凝土，1995. 3：5-8.

[4] 吴学礼，杨全兵，朱蓓蓉，等. 抗冻混凝土设计微机化的几个问题 [J]. 混凝土与水泥制品，1994，4：3-7

[5] 邓敏，唐明述. 混凝土的耐久性与建筑业的可持续发展 [J]. 混凝土，1992，2：8-12.

[6] 胡曙光，覃立香，谢伟平，等. 混凝土抗硫酸盐侵蚀专家系统结构与设计思想 [J]. 混凝土与水泥制品，1997，4：11-13.

[7] 刘崇熙. 三峡大坝混凝土耐久寿命500年的设计构想 [C]. 武汉：第四届全国混凝土耐久性学术交流会，1996：12.

[8] 王智，黄煜镔，王绍东. 当前国外混凝土耐久性问题及其预防措施综述 [J]. 混凝土，1997：52-57.

[9] 王胜年，苏权科，范志宏，等. 港珠澳大桥混凝土结构耐久性设计原则与方法 [J]. 土木工程学报，2014，06，1-8.

[10] 武海荣. 混凝土结构耐久性环境区划与耐久性设计方法 [D]. 杭州：浙江大学，2012.

[11] 钟小平，金伟良. 钢筋混凝土结构基于耐久性的可靠度设计方法 [J]. 土木工程学报，2016，05，31-39.

[12] 杨绿峰，洪斌，余波. 混凝土结构耐久性控制区及设计参数的定量分析 [J]. 建筑结构学报，2016，01，126-134.

[13] 姬永生，张强. 混凝土耐久性研究述评 [J]. 连云港化工高等专科学校学报，2001，3：33-36.

[14] 李玉顺，柳俊哲. 抗冻融混凝土耐久性设计方法 [J]. 混凝土，2001，1：32-34.

[15] 黄士元. 混凝土耐性设计要点 [J]. 混凝土，1995，3：5-8.

[16] 冯乃谦. 高性能混凝土 [M]. 北京：原子能出版社，1996：237.

[17] 顾履恭编译. 新一代混凝土-高性能混凝土 [J]. 国外建筑科学技术，第五期：307-309.

[18] 吴中伟. 高性能混凝土及其矿物掺合料 [J]. 建筑技术，1999，3：160-163.

[19] 白云，吕健. 高性能混凝土和外加剂技术 [J]. 工业建筑，1998，4：24-26.

[20] 吴中伟. 绿色高性能混凝土—混凝土的发展方向 [J]. 混凝土与水泥制品，1998，1：3-6.

[21] 冯乃谦，邢锋. 高性能混凝土技术 [M]. 北京：中国建筑工业出版社，2000：321.

[22] 廉慧珍，路新瀛. 按耐久性设计高性能混凝土的原则和方法 [J]. 建筑技术，2001，1：8-11.

[23] 杨荣俊，杨玉启，朱连滨，等. 高性能混凝土（HPC）配合比简易设计法 [M]. 北京：中国建材工业出版社，1999：10.

[24] 吴中伟，廉慧珍. 高性能混凝土 [M]. 北京：中国铁道出版社，1999，9：267.

[25] 王胜年，苏权科，范志宏，等. 港珠澳大桥混凝土结构耐久性设计原则与方法 [J]. 土木工程学报，2014，06，1-8.

[26] 武海荣. 混凝土结构耐久性环境区划与耐久性设计方法 [D]. 杭州：浙江大学，2012.

[27] 钟小平，金伟良. 钢筋混凝土结构基于耐久性的可靠度设计方法 [J]. 土木工程学报，2016，05，31-39.
[28] 杨绿峰，洪斌，余波. 混凝土结构耐久性控制区及设计参数的定量分析 [J]. 建筑结构学报，2016，01，126-134.
[29] 杨绿峰，周明，陈正，等. 基于强度和抗氯盐耐久性指标的混凝土配合比设计及试验研究 [J]. 土木工程学报，2016，12，65-74.
[30] 陈琳，屈文俊，朱鹏. 混凝土结构全寿命等耐久性设计的理论框架 [J]. 建筑科学与工程学报，2016，05，93-103.
[31] 钟小平，金伟良. 混凝土结构全寿命性能设计理论框架研究 [J]. 工业建筑，2013，08，1-9.
[32] Tiewei Zhang and Odd E. G. An electrochemical method for accelerated testing of chloride diffusivity in concrete [J]. Cement and Concrete Research，1994，(24)：1534- 1548.
[33] Caré S，Hervé E. Application of a n-Phase Model to the Diffusion Coefficient of Chloride in Mortar [J]. Transport in Porous Media，2004，56 (2)：119-135.

水泥水化进程演化实验研究

3.1 水泥基材料水化进程实验研究进展

水泥的水化包含物理变化和化学变化，过程非常复杂。当水泥加水后，水泥熟料矿物和水发生反应产生水化产物，经过初凝、终凝变成具有一定强度的水泥石，在混凝土中水泥石起到粘结作用，将粗、细骨料粘结成一个整体。水泥石产生的过程中，水化产物及其数量、孔隙的数量、形态和分布都不是固定的，随时间发生变化。影响水泥水化过程的因素很多，主要包括：胶凝材料的种类及其颗粒分布、水胶比、外加剂、温度、湿度和养护的条件等。这些影响因素决定着水泥水化产物的微结构和孔隙及其分布，最终将会影响水泥浆的硬化性能。水泥基材料水化研究的重点主要集中在水泥水化过程微结构的变化情况。水泥水化的研究主要包括固相和孔结构的变化情况，深入了解微结构的变化情况有利于获得更加准确、贴近真实的水化模型。传统的实验方法采用维卡仪和贯入阻力仪分别测试水泥和混凝土的初凝时间和终凝时间，其测试的结果是一个状态点的情况，不能直接告诉我们内部微结构的变化情况。随着无损检测技术的发展，很多检测技术应用到水泥早期水化过程中。例如声波法、微波法、水化热、交流阻抗法、电极法和非接触式电阻率法等检测水泥水化早期行为，用扫描电子显微镜等原位直接观测不同龄期水化产物的变化情况。水泥水化是其熟料中四种主要矿物组成和水发生化学反应并生成复杂的多种水化产物凝胶体、晶体以及出现毛细孔隙，整个过程非常漫长且具有非线性、受掺加的外加剂和矿物掺合料影响显著等特点。水泥的水化过程是放热反应，放热的速率和总量等参数可以间接反映水化的进行情况，这种方法是研究水泥水化的一种传统方法，根据测试原理和测试条件的差异，常见的实验测试仪器有差示扫描量热仪、绝热式量热仪和传导式量热仪等。其中热导式等温量热仪可在设定温度下完整采集水泥水化的各种放热参数，实验操作简单应用广泛。

典型水泥水化放热速率图见图 3-1 和图 3-2：可以分为起始期、诱导期（休眠期）、加速期、减速期和稳定期，其他胶凝材料的水化放热会有类似的趋势。起始期，水泥加水后，水泥熟料颗粒溶解，颗粒表面铝酸三钙在石膏存在条件下产生钙矾石，硅酸三钙水化开始放热，此段时间较短大约几分钟左右；诱导期，水泥颗粒表面产生氢氧化钙开始饱和溶解，各种离子浓度降低，整个系统水化放热速度明显降低；加速期，硅酸三钙水化加快，并使整个放热速度达到顶峰，宏观上水泥水化产物结构致密，孔隙减少；减速期，水化产物大量增加，结构致密后溶解速度降低，放热开始减速；稳定期，离子浓度降低，水化产物相互靠近，石膏耗尽钙矾石转化为 AFm 相，水化放热开始进入稳定期。

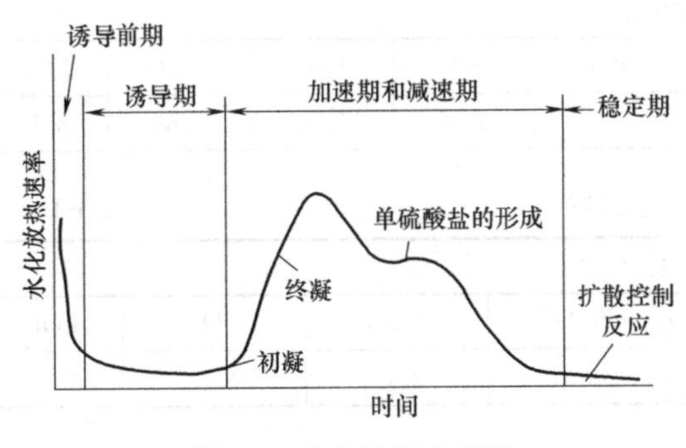

图 3-1　水化放热速率图

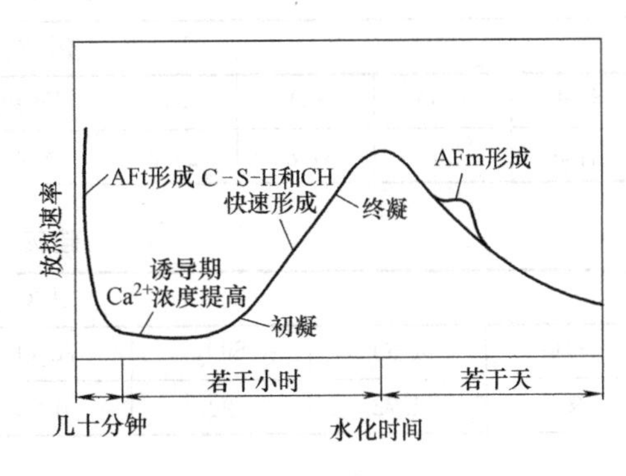

图 3-2　水化放热速率图

由于水泥在加入矿物掺合料和高效外加剂后，水化放热进程发生了较大变化，放热速率、总放热量和放热峰的出现时间等和纯水泥浆体有明显区别，该方向一直是研究的热点之一。过昶、高少霞、房皓、史非和 Wang J C 等研究了不同粉煤灰及其不同掺量对水化放热进程的影响；杨华全、Pei M S、Mollah M Y A 等研究了粉煤灰和高效减水剂对水化热的影响；程智清、李虹燕、聂强、Mostafa N Y、张云升、Langan B W、Grutzeck M W、Yogendran V、Snelson D G、Zhu H B 和 Pane Ivindra 等研究了不同矿物掺合料包括粉煤灰、硅灰、矿渣、高岭土和天然火山灰材料等对水化放热的影响。Abdulhamit Subasi 等在研究水泥和水泥矿物掺合料复合体系时，采用自适应神经模糊推理理论预测了浆体的早期水化热；R. Krstulovic 等根据多尺度的原理并考虑水泥熟料的多种矿物组成，建立水化放热模型研究了放热速率和水化程度随龄期变化的关系。

3.2　等温量热法实验

3.2.1　实验原材料

水泥：湖北省黄石市某水泥股份有限公司 52.5PI 硅酸盐水泥（低碱），密度 3.15g/cm^3（表 3-1）；

水泥 *C* 化学组成　　**表 3-1**

水泥化学组分(%)											
组成	SiO_2	CaO	Fe_2O_3	Al_2O_3	MgO	TiO_2	SO_3	K_2O	Na_2O	Cl^-	LOI
含量	21.35	62.6	3.31	4.67	3.08	0.27	2.25	0.54	0.21	0.007	0.95

水：采用普通自来水，对水泥和混凝土无害；

粉煤灰：采用镇江某电厂华源一级 Class F（低钙）灰。细度：比表面积 454m^2/kg（表 3-2）；

硅灰：采用贵州某有限公司产品。细度：比表面积 22205m^2/kg（表 3-3）。

粉煤灰 *FA* 化学组成 表 3-2

粉煤灰化学组分(%)									
组成	CaO	SiO_2	Al_2O_3	Fe_2O_3	MgO	SO_3	K_2O	Na_2O	LOI
含量	4.77	54.88	26.89	6.49	1.31	1.16	1.05	0.88	3.1

硅灰 *SF* 化学组成 表 3-3

硅灰化学组分(%)							
组成	CaO	SiO_2	Al_2O_3	Fe_2O_3	MgO	SO_3	LOI
含量	1.72	92	0.78	0.79	2.71	1.16	4.67

3.2.2 实验配合比

实验中水泥浆体选取工程中常用的高中低水胶比 0.53、0.35、0.23；掺加的矿物掺合料使用上述的粉煤灰和硅灰，采用等量取代法单掺粉煤灰或者硅灰。水泥浆体的具体配合比见表 3-4。

净浆配合比 表 3-4

编号	水胶比	矿物掺合料	取代水泥比例	备注
1	0.53	—	—	纯水泥
2	0.35	—	—	纯水泥
3	0.23	—	—	纯水泥
4	0.35	*FA*	10%	—
5	0.35	*FA*	30%	—
6	0.35	*FA*	50%	—
7	0.23	*SF*	4%	—
8	0.23	*SF*	8%	—
9	0.23	*SF*	12%	—

注：*FA* 表示粉煤灰；*SF* 表示矿渣，下文相同。

3.2.3 实验设备

热导式等温量热仪设备实验原理：热导式等温量热仪内部含有散热器用来保持温度恒定，这样实验材料在实验池内反应放热的话，热量就传递给散热器，通过采集散热器获得的热量可以得到样品的放热情况，包括放热速率、总放热量等，散热器得到的热量可转化为电信号，经过放大具有较高的灵敏性和准确性，同样反应结束，散热器不再获得热量。TAM Air 品牌等温量热仪：TAM Air 品牌等温量热仪是瑞典 Thermometric AB 公司设计生产的热导式量热仪，可连续原位追踪水泥浆体样品的前期水化过程。包含控温体系和量热体系。控温体系采用循环等温空气的方法来维持温度的恒定，内部连接了温度探棒采集调控温度，可调范围为 5～90℃，根据探棒测试的温度和设定温度相比较进行加热或制冷；量热体系可进行 8 组测试样品和参比样品的实验，参比样品的存在可减少外界热量对实验的影响。通过上述装置可以保证仪器的精密度和稳定度。详细设备见图 3-3。

3.2.4 实验过程

称取水泥或与水泥加矿物掺合料的总量50g，按照配合比称取拌合水，迅速搅拌均匀后，放置20g左右在安培瓶中并加盖密封，并根据浆体质量和配合比信息计算称取参比水密封于另一安培瓶，一起放置于等温量热仪中。

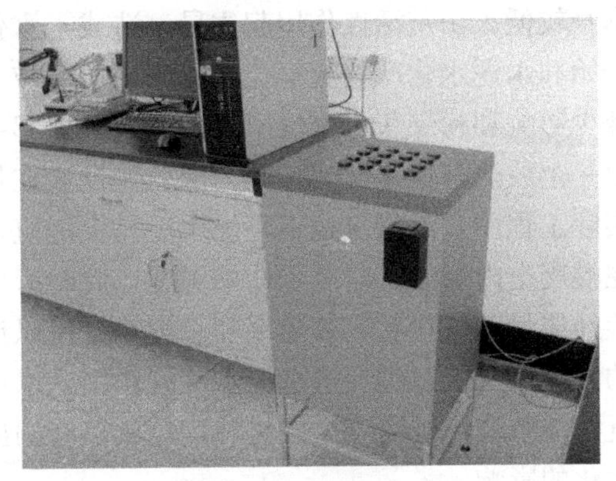

图3-3 等温量热仪

3.2.5 实验结果与讨论

1. 水胶比对水化热的影响

配合比表3-4中样品编号1、2和3，水胶比分别为0.53、0.35和0.23，实验结果见图3-4、图3-5。

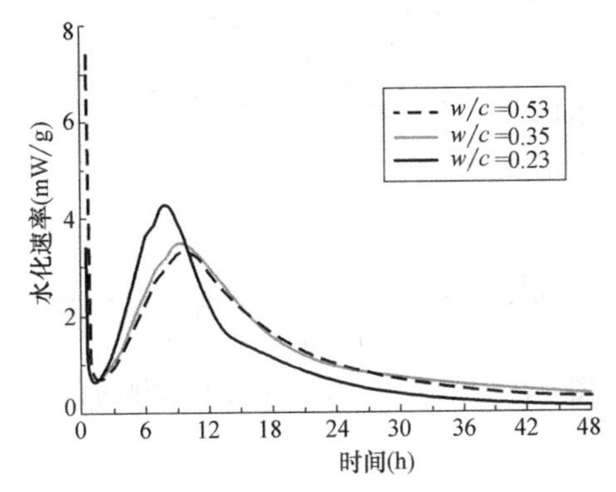

图3-4 不同水胶比对水化速率的影响

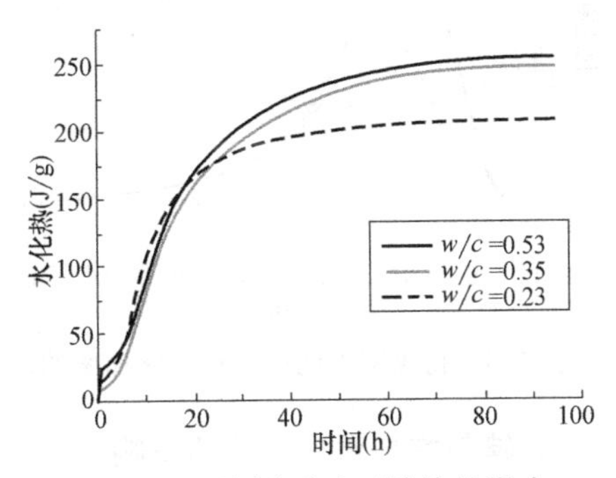

图3-5 不同水胶比对放热的影响

实验结果表明水化初始早期2h内水化放热都相对较低，样品间差异不大，随着水化的进行，不同水胶比等参数影响水化放热变得明显，水胶比小的样品由于水泥数量相对较多，在12h内放热剧烈；随着水化继续发展，水胶比较低的样品由于水相对较少，水化趋势开始放慢。对于水胶比0.23的样品，则是因为水的量少不利于水化反应，因此后期呈现快速下降的趋势，其12h后水化热偏低。从总的水化放热来看，0.23、0.35和0.53三个水胶比比较，前6h内放热量差别较小，12h后差别变大，表现为水胶比越大，水化越充分，放热量也越多。

2. 粉煤灰掺加对水化热的影响

配合比表3-4中样品编号2、4、5和6，水胶比分别为0.35，粉煤灰掺加分别为0%、10%、30%和50%，实验结果见图3-6、图3-7。

在水泥样品中用粉煤灰等量取代部分水泥后，粉煤灰对水泥水化放热产生影响，使样品的水化放热都推迟，放热曲线变得相对平缓，水化过程延长，总放热量降低。样品中随着粉煤灰掺量的增加，在水化早期由于水泥的放热速度降低，纯水泥的放热曲线基本呈正弦曲线，在放热峰后，粉煤灰开始明显干涉放热，曲线开始略有波动，体现粉煤灰对水泥放热影响的综合效应。粉煤灰掺加后，在水化早期粉煤灰起的作用主要是降低水泥用量、本身较低火山灰活性作用起主导，造成了水化放热速度降低。而随着水化的进行，粉煤灰开始和水泥水化产物氢氧化钙发生二次反应，对放热降低影响程度开始减缓回升，是水泥减少影响和粉煤灰二次反应开始竞争哪项起主导作用的缘故。在水泥和粉煤灰加水混合后第一个放热峰快速出现，因为混合是发生在量热仪外，第一个放热峰没有被完整地记录，实际工程中，混凝土也不是加水后马上浇筑，相应的第一个放热峰产生的热量会少量保存在混凝土内，使其略高于初始温度，此时产生的热量也只占总放热量的很少比例。放热实验经质量归一化后，放热率和总放热量可以计算出来，所有的热量假设全是水泥反应释放的，粉煤灰仅起到促进水泥水化的作用。水泥减少时，第二放热峰降低，对于水泥粉煤灰复合体系会出现第三个放热峰，此放热峰的出现不是源于火山灰效应，而是粉煤灰对水泥水化的影响。

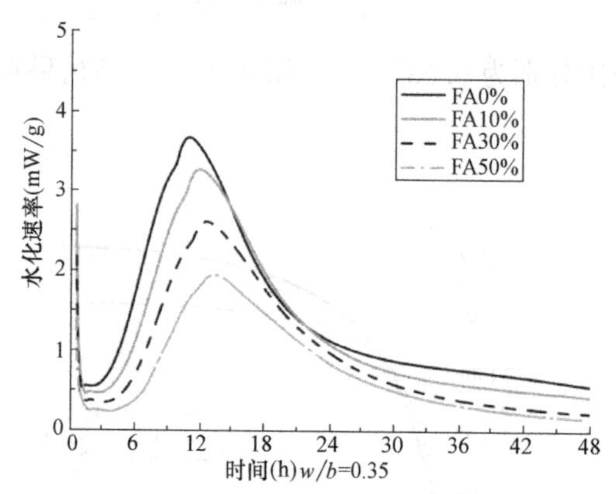

图 3-6 粉煤灰不同掺量对水化速率的影响

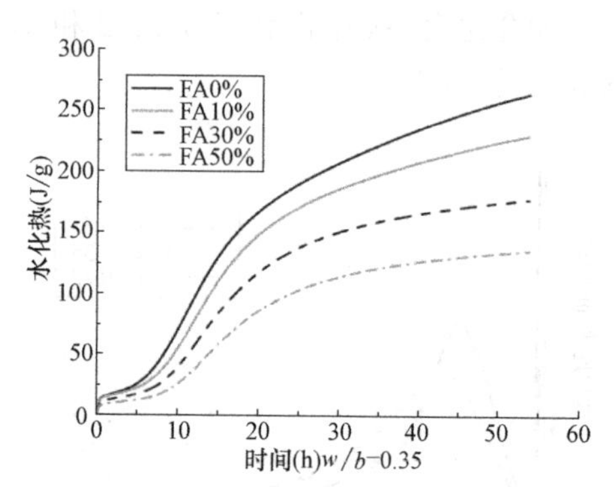

图 3-7 不同粉煤灰掺量对水化放热的影响

3. 硅灰掺加对水化热的影响

配合比表 3-4 中样品编号 3、7、8 和 9，水胶比分别为 0.23，粉煤灰掺加分别为 0%、4%、8%和 12%，实验结果见图 3-8、图 3-9。

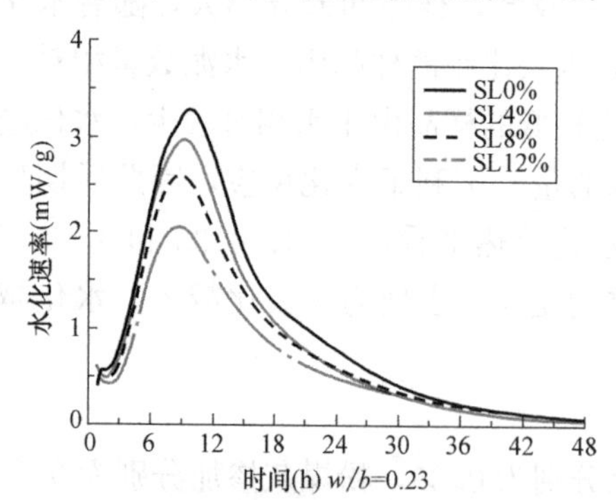

图 3-8 不同硅灰掺量对水化放热速率的影响

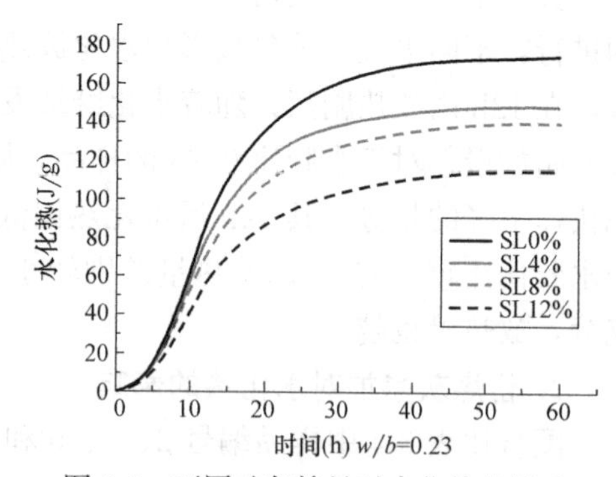

图 3-9 不同硅灰掺量对水化热的影响

此实验结果是在浆体处于低水胶比 0.23 条件下的，曲线表明浆体放热速率在掺加硅灰后总体降低，随硅灰掺量的增加，加速期放热速率峰的位置略有提前，但是峰值数值降低；总放热量随着硅灰掺量增加略有降低。究其原因，是在低水胶比条件下，峰值位置略有提前是硅灰活性的表现。在常见的矿物掺合料里面硅灰的细度较大，颗粒一般小于 μm 数量级，比水泥要细，超细颗粒在加水过程中会难以搅拌均匀，呈现絮凝现象，絮凝结构会包裹部分水对水化不利，所有水泥中等量取代水泥在水化放热时减少水泥用量效应更加明显，而硅灰的主要成分为二氧化硅，其活性大，在水化中后期略有体现，但浆体大量掺加硅灰可能会造成复合体系不均匀，而且过多的硅灰形成的絮凝结构会造成水相对缺少，整体浆体显示比较干燥，因而导致水泥颗粒的水化能力降低，全程表现为水化热总量降低。

4. 胶凝材料在不同龄期的水化放热和水化程度关系

样品在不同龄期时的累计放热量，具体结果见表 3-5。对于纯水泥浆体可以用放热量来确定水化程度 α，具体公式见式（3-1）。根据 Bogue equations 公式计算得：C_3S：50.07%、C_2S：23.44%、C_3A：6.77%、C_4AF：10.07%。有关文献中 Bogue 研究矿物放热量数据为 C_3A：866J/g、C_3S：502J/g、C_4AF：418J/g、C_2S：259J/g，可以得到水化的理论放热量，据此可得到纯水泥浆体的水化程度，由于实验时间仅为 4d 左右，所以得出的水化程度应该比实际值低。见图 3-10。

水泥样品不同时间水化热（J/g） 表 3-5

编号	12h	24h	36h	48h
1	111.99	187.60	218.15	234.35
2	94.71	178.52	209.16	229.41
3	81.49	148.59	167.62	172.98
4	76.99	167.11	199.98	221.72
5	56.49	134.57	161.07	173.69
6	37.46	100.37	122.70	132.80
7	78.32	130.01	143.75	147.70
8	70.18	117.99	133.24	138.50
9	56.03	94.80	108.78	113.99

$$\alpha(t)=\frac{Q(t)}{Q_{max}}=\frac{1}{Q_{max}}\int_0^t q(t)\mathrm{d}t \tag{3-1}$$

式中 $Q(t)$ ——t 时刻累计释放的总热量（J/g）；

Q_{max}——水化实验或者理论累计释放的总热量（J/g）；

$q(t)$ ——t 时刻水化热释放速率（J/gh）。

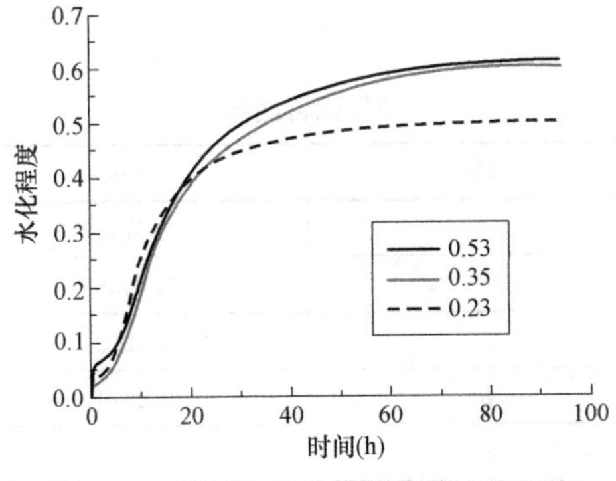

图 3-10 不同水胶比水泥净浆水化程度

3.2.6 水化放热模型

根据 Anne-Mieke Poppel 和 Geert De Schutter 的研究，可以用近似的水化放热模型来预测水泥浆体的水化放热。模型中水化放热率和最大水化放热率的比值可以用式（3-2）进行描述：

$$\frac{q}{q_{\max}}=f(\alpha)=d\cdot[\sin(\alpha\pi)]^{b}\cdot\exp(-c\alpha)\cdot g(T) \tag{3-2}$$

式中 q——水化放热率（J/g·h）；

$q_{\max}$——实验中最大放热速率（J/g·h）；

α——水化程度（%），可以近似用放热程度代替，用式（3-1）计算；

b、d、c——参数，研究中 c 为 3。

水泥水化放热受两个因素影响，一个是水化过程，主要包含水化程度，另一个受温度的影响，见图 3-11。水化放热最大速率根据温度的不同而不同，20℃时放热速率受温度影响的趋势如式（3-3）（Arrhenius 公式）描述：

$$g(T)=\exp\left[\frac{E}{R}\left(\frac{1}{293}-\frac{1}{273+T}\right)\right]=\frac{q_{\max}}{q_{\max,20}} \tag{3-3}$$

式中 R——通用气体常数，0.00831kJ/molK；

E——活化能（kJ/mol），常见数值约为 38.4kJ/mol，不同实验中会有差异；

T——摄氏温度（℃）。

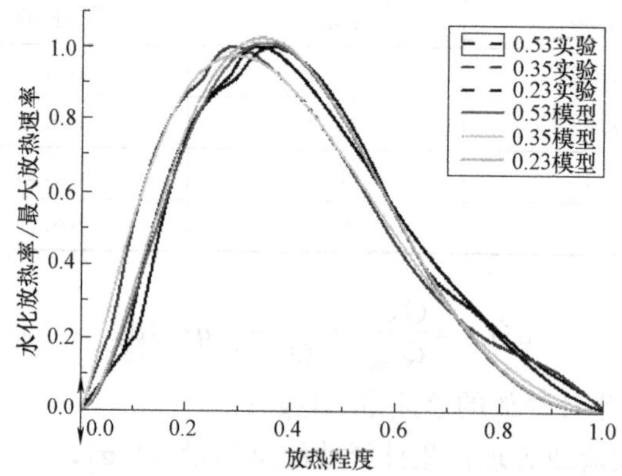

图 3-11 水泥体系水化放热程度和水化放热率与最大放热率的比值关系

参数拟合如表 3-6：

参数拟合结果 表 3-6

样品	参数	数值	标准差
0.53	d	3.57512	0.00756
	b	1.84562	0.00617
0.35	d	3.12931	0.00434
	b	1.25747	0.00281
0.23	d	3.58909	0.00561
	b	1.77052	0.00417

按照上述模型对掺加粉煤灰的水泥浆进行拟合，发现实验数据和拟合曲线吻合较差，特别是在放热速率最高点以后，粉煤灰的掺加使曲线不呈现正弦趋势，此时粉煤灰使放热得到加速。见图 3-12。随着水化的进行，水泥水化产生的氢氧化钙、水化铝酸钙等水化产物和掺加的矿物掺合料发生二次化学反应，加速了整体放热速率，放热曲线从原来的近似正弦曲线略有变化，体现了矿物掺合料的综合影响效应。

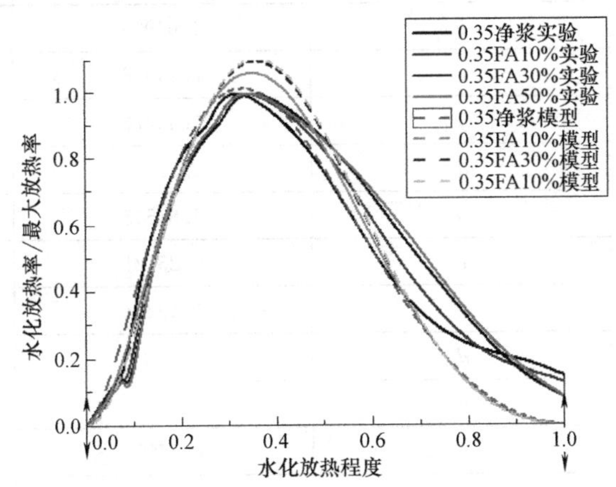

图 3-12　水胶比 0.35 水泥体系水化放热程度和水化放热率与最大放热率的比值关系

掺加矿物掺合料的水化放热模型修正：在水泥中掺加粉煤灰或硅灰可以改变水泥的水化过程，可以认为掺加的矿物掺合料在水泥水化到一定程度后开始起到火山灰效应，从而影响水泥的水化进程。矿物掺合料的综合效应包括火山灰效应、微集料效应和个别矿物掺合料的形态效应。水化放热模型可以在式（3-2）基础上进行改造，可以认为水化放热量由两部分组成，一部分是水泥水化放出的热量，另一部分是水泥水化一段时间后矿物掺合料介入影响开始明显后的放热量；在矿物掺合料明显影响水化前，水化放热主要由水泥为主导，在矿物掺合料后期影响水化放热。见图 3-13。

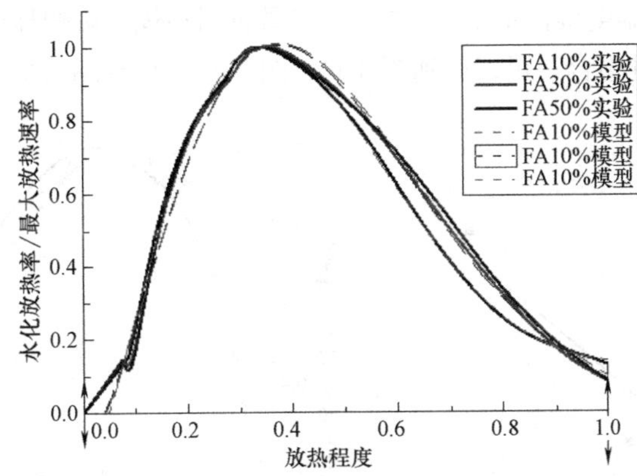

图 3-13　粉煤灰水泥体系水化放热程度和水化放热率与最大放热率的比值关系

$$\frac{q}{q_{\max}} = f(\alpha) = \{d \cdot [\sin(\alpha \cdot \pi)]^b \cdot \exp(-c\alpha) + e\sin[(\alpha - f) \cdot \pi]\} \cdot g(T) \quad (3\text{-}4)$$

式中　q——水化放热率（J/g·h）；

$q_{\max}$——实验中最大放热速率（J/g·h）；

α——综合水化程度（%），可以近似用放热程度代替；

d、b、c、e、f——参数，其中 c 为 3。

参数拟合结果　　　　表 3-7

样品	参数	数值	标准差
FA10%	d	3.63072	0.00279
	b	1.64929	0.00075
	e	0.14078	0.00018
	f	0.45576	0.00144
FA30%	d	2.91553	0.00485
	b	1.81543	0.00187
	e	0.25421	0.00090
	f	0.19291	0.00085
FA50%	d	2.8717	0.00647
	b	1.81328	0.00249
	e	0.27563	0.00121
	f	0.11446	0.00106

其中参数 f 可以认为是粉煤灰在水泥中反应多大程度开始起作用，可命名为粉煤灰影响临界放热程度，意义为水泥水化到 f 程度后粉煤灰开始影响放热。根据拟合的结果显示，粉煤灰的掺量越小，粉煤灰影响临界放热程度越大，粉煤灰介入的放热影响越推后，可以认为粉煤灰影响临界放热程度和水泥在胶凝材料中所占比例存在线性的关系，另外也会受温度的影响。

$$f=a\times c/(c+FA)+b\theta+c \tag{3-5}$$

其中 a、b、c 为参数；θ 为摄氏温度（℃）。

实验温度是 20℃，温度维持不变。根据表 3-7 数据对粉煤灰影响临界放热程度和水泥在胶凝材料中的比例进行线性拟合，可以得到图 3-14、图 3-15，$f=0.85325\times c/(c+fa)-0.3429$。

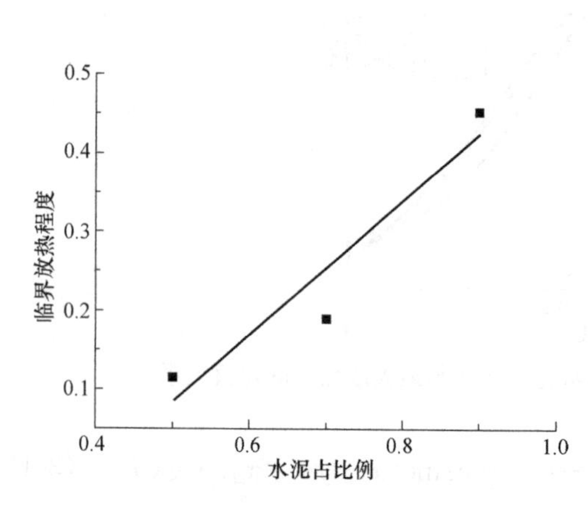

图 3-14　粉煤灰影响临界放热程度和水泥在胶凝材料中的比例拟合结果

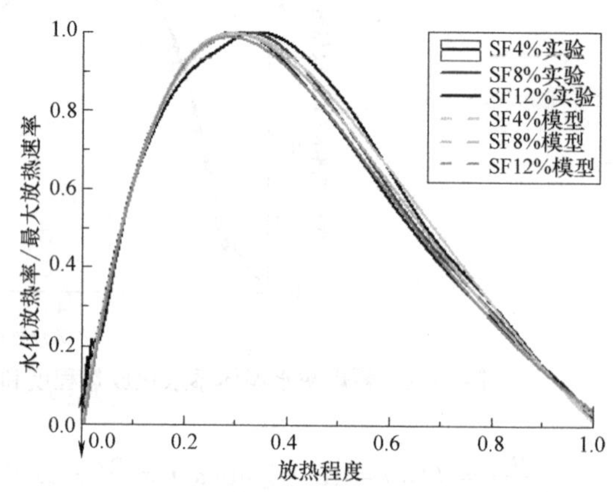

图 3-15　硅灰水泥体系水化放热程度和水化放热率与最大放热率的比值的关系模型

参数拟合结果 表 3-8

样品	参数	数值	标准差
$SL4\%$	d	2.88218	0.00289
	b	0.88301	0.00095
	e	0.10579	0.00066
	f	0.51267	0.00022
$SL8\%$	d	2.54159	0.00208
	b	0.99826	0.00060
	e	0.48064	0.00046
	f	0.44127	0.00028
$SL12\%$	d	2.67746	0.00256
	b	1.01088	0.00070
	e	0.46746	0.00048
	f	0.39202	0.00059

根据表 3-8 数据和式（3-8），对硅灰影响临界放热程度和水泥在胶凝材料中所占比例进行线性拟合，可以得到图 3-16，$f=1.50813\times c/(c+SL)-0.93882$。当在水泥中加入硅灰后，水化过程会有所变化，放热速率受到了硅灰加入的影响，在放热速率最高峰后硅灰逐渐开始对放热产生影响，从拟合的数据结果来看硅灰的放热速率略低于粉煤灰的实验结果，据其原因可能是实验过程中硅灰细度太大，搅拌均匀程度不好导致的，而且随着硅灰的掺量的增加，放热速率降低。根据拟合的数据，可以得出硅灰加入后，水泥水化一定程度后，硅灰开始影响水化速度。见图 3-16。

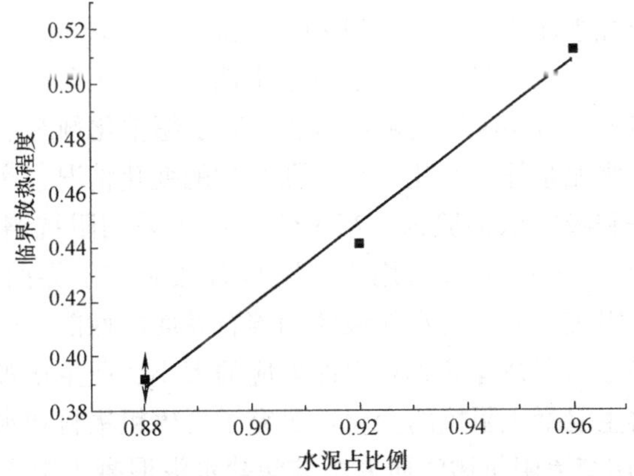

图 3-16 硅灰影响临界放热程度和水泥在胶凝材料中的比例拟合结果

3.3 非接触式电阻率实验研究

3.3.1 水泥基材料导电特性实验研究现状

在研究水泥基材料过程中，1936 年，W・B・Boast 最早从导电能力这个方面对水泥混凝土进行研究，电学方法也慢慢开始被大家认可。电学研究水泥混凝土方法属于无损检测法（Non-Destructive Tests，NDT）的一种，和声波、微波等方法相比，电学研究角度既可关注材料孔情况等物理性质，又可以获得离子情况等化学参数，这样可以追踪到水泥基材料的水化过程中两种作用的发展和相互竞争的结果等情况。常用的电学研究方法有电极法、阻抗谱法、无电极电阻率法等。

1. 电极法

电极法是在试样两端加直流电或交流电，通过捕捉测试过程中试样导电性能的变化来研究内部变化的方法。E·J·Garboczi 等实验研究了直流电下砂浆试样导电性能变化；O·Henning 将此实验方法扩展到混凝土材料研究中，并编制了直流电研究方法指南。实验中直流电易发生电解，为解决这个问题可以加交流电。F·D·Tamas 采用交流电研究了水泥熟料在不同石膏掺量下的电导率变化来确定最佳掺量。W·J·McCarter 建立了水泥水化理论模型研究了不同频率交流电情况下水泥浆体电阻率的变化。C·Vernet 等为确定水化动力学参数测定了水泥悬浮液在不同交流电下的各种导电特性的变化等。K·R·Backe 等通过测试获得了水泥在不同电压下的导电特性与强度之间的关系。Youssef EI Hafiane 等在研究铝酸盐水泥时用加电方法测试了其导电特性。电极法有自己的缺陷，电极极化后会产生接触电容和接触电阻，这种极化的影响很难避免；外加电极容易在强碱性条件下发生腐蚀破坏；水泥硬化过程中的结构收缩等因素会引起测试数据不稳定和电极的脱落的问题。

2. 阻抗谱实验法

研究水泥浆体导电特性另一种常用方法就是交流阻抗谱法，实验参数可设定一定频率谱。水泥水化时，水化反应发生在颗粒表面，这样颗粒表面和内部形成两层物质，而且层壳厚度也会随水化发生变化，可测试不同交流电频率谱下电位、电场响应特性等参数变化，通过这种原理来研究水泥水化过程。M·Cabeza、G·Dotelli、C·Andrade 和史美伦等采用阻抗谱法研究了水泥水化过程，对水泥早中期水化各个阶段的阻抗响应特性进行了测定。Ping Gu、J·M·Torrents 等用阻抗谱法研究了超塑化剂对水泥的影响。史美伦等采用交流阻抗谱研究了水泥浆体在水化过程中孔结构的变化情况，实验结果也得到了常用孔结构实验方法压汞法和吸附法的验证。M·Cabeza 等采用阻抗谱法表征了水泥浆体硬化过程中孔隙变化情况。Ping Gu 等采用交流阻抗普法研究了界面过渡区微观结构的表征。杨正宏等采用交流阻抗谱方法对水泥浆体和碎石界面的性能进行研究，通过比较交流阻抗谱的三个参数来确定水泥浆体和碎石界面效应的大小。曲生华等采用了交流阻抗的方法测定了不同掺量的再生混凝土阻抗的变化，研究了再生粗集料和水泥浆体间的界面过渡区性能。Sánchez 等采用交流阻抗谱法研究了硅酸盐水泥混凝土中离子迁移的微观变化情况；贺鸿珠等用交流阻抗谱方法研究了掺粉煤灰混凝土的抗渗性能，用交流阻抗谱中的 Kramers-Kronig 变换研究了受海水长期侵蚀下混凝土的性能。S·Perron 等采用阻抗谱研究了水泥浆体水冻害情况。Ping Gu 等采用交流阻抗谱法研究了混凝土在抗压情况下微裂缝产生的情况和钢筋表面锈蚀的情况。T·O·Mason、L·Y·Woo 等采用交流阻抗谱法分别研究了纤维混凝土性能和纤维在纤维混凝土中分散的情况。

阻抗谱法由于存在实验时间长，操作复杂等缺点，目前只能在实验室进行，未获得在工程中的应用推广。

3. 非接触式电阻率法

非接触式无电极电阻率仪（Electrodless Cement and Concrete Resistivity Tests，CCR）是香港科技大学土木工程系李宗津教授为消除接触电阻、接触电容对测试结果的影响专门设计的实验仪器，用来研究水泥水化过程中材料电阻率的变化情况，来揭示水泥水化的机理，见图 3-17。

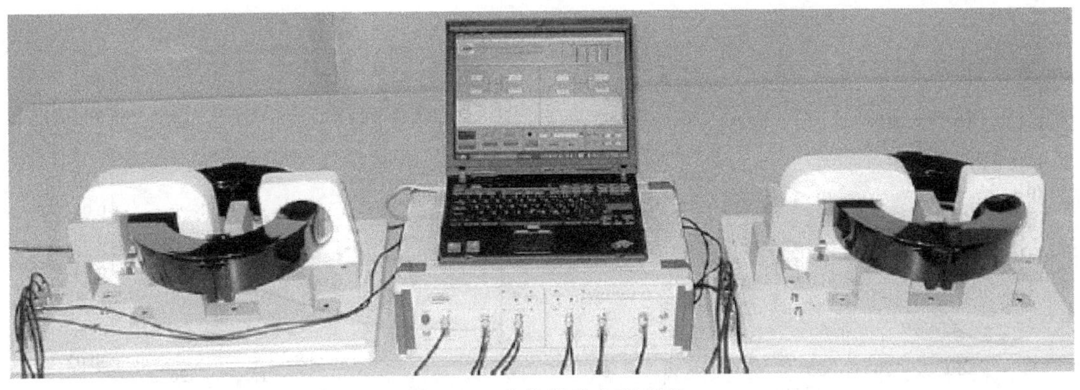

图 3-17　非接触式电阻率仪

该仪器将低频率的交流电变成高频率的交流电，采用变压器的原理改变交流电压，两极线圈一个是由实际线圈组成，另一个是由可放入材料的环形模型组成，通过测试试样的电流来推算试样的电阻率。实验的基本温度条件为（20±2）℃，在封闭的小实验室采用空调进行控温。

3.3.2　实验设计和结果讨论

1. 实验原材料和配比设计与水化热实验相同，详见 3.2.1 和 3.2.2 部分。

2. 实验结果

（1）不同水胶比对电阻率的影响

根据测试结果见图 3-18，随着水胶比降低，总体趋势为电阻率提高，这是由于拌合水量降低，导致离子浓度减低，试样整体电阻率下降。

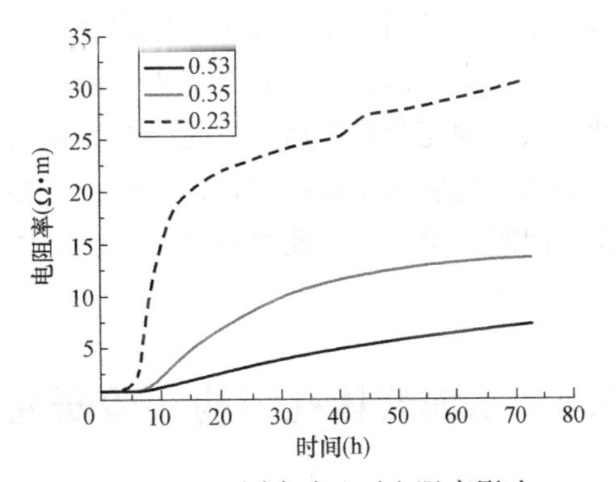

图 3-18　不同水胶比对电阻率影响

（2）不同粉煤灰掺量的影响

加入粉煤灰取代一部分水泥，粉煤灰作用主要表现为减少水泥含量、微集料填充效应和火山灰活性效应。其中粉煤灰掺量为 10％的浆体开始电阻率低于纯浆体，后来超过纯浆体，掺加 30％粉煤灰的和掺加 50％粉煤灰的浆体电阻率一直小于纯浆体和掺加 10％粉煤灰浆体。这是由于粉煤灰活性差，降低水泥含量，初期胶凝材料降低所致，后期 10％粉煤灰中填充效应起主导作用，超过纯浆体，见图 3-19。

（3）电阻率变化

图 3-20 中电阻率随时间的微分曲线表明电阻率随时间先是降低，然后到达最小值后再迅速增加，过了峰值后，增加略开始减缓。电阻率降低是由于水化开始时处于起始期，

水泥颗粒发生迅速溶解，离子浓度提高，宏观表现为电阻率降低，离子浓度最大时，达到最小值，进入诱导期；水化继续进行，水化产物开始沉淀，固相增加，电阻率开始提高，电阻率曲线呈增加状态，此时处于加速期；然后水化产物在水泥颗粒表面聚集降低了溶解速度，此时电阻率增长开始减缓，水化进入减速期和稳定期。电阻率变化情况基本符合水泥水化的几段分期描述的情况。

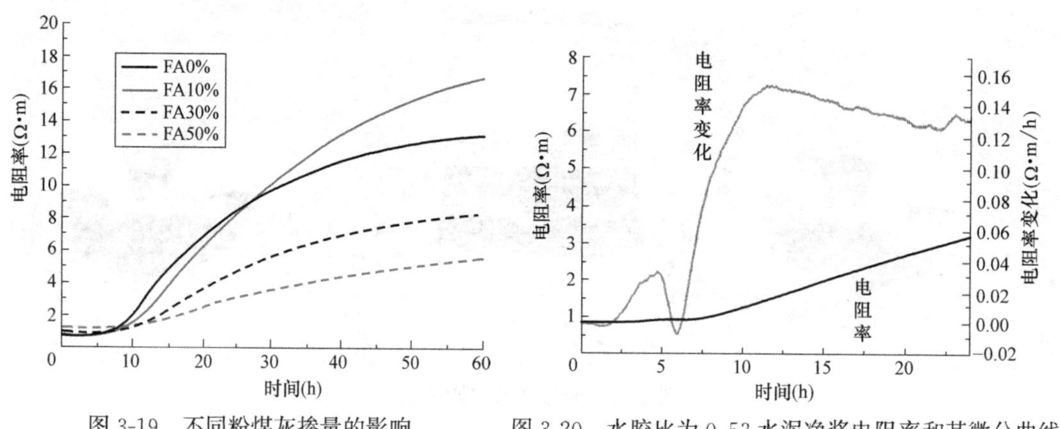

图 3-19　不同粉煤灰掺量的影响　　图 3-20　水胶比为 0.53 水泥净浆电阻率和其微分曲线

在电阻率随时间微分曲线图中第一个峰值目前有两种理论，为成核理论和保护层理论；成核理论认为水化产物水化硅酸钙和氢氧化钙形成稳定内核，使水泥溶解放慢离子浓度降低形成的；保护层理论解释为水泥颗粒表面富集水化产物，从而延缓水化造成的。第二峰可能是水化中 AFT 向 AFM 转化引起的。Tamas 等研究中认为此峰的出现与水泥熟料中石膏的掺量关系密切，推断可能是石膏不同情况下水化产物 AFt 转化为 AFm 引起的；肖莲珍等研究也获得了类似的结果，其结论也支持此观点。水泥浆体中水泥颗粒首先溶于水，颗粒固相变成离子，电阻率变小，随着水化进行，水化产物增加，电阻率增加，孔隙由原来全部逾渗达到临界点；随着水化继续进行，固相由逾渗到完全连通，电阻率逐渐变大，到完全连通后，水化变慢，电阻率增长也变缓。第一最高点为水化中水分充分水化最快，之后水化放缓慢，这时固相开始连通；第二个最低点为临界点，孔隙减少连通开始被阻断；第三点为孔隙完全被阻断，固相完全连通，之后水化变缓慢，电阻率趋于稳定并略有增加。

3.4　水泥浆体孔结构实验研究

混凝土宏观上是多相、非均质的材料，其微观结构对宏观行为起着决定性作用。F · H · Wittmann 在 1980 年第七届国际水泥化学会议上最早定义了“孔隙学”的概念，并提出孔隙特征包含孔的数量、孔径分布、孔的连通性等方面。随着微观检测技术的发展，国内外越来越关注从混凝土微观和细观尺度来研究混凝土的宏观性能。孔主要存在于水泥浆体、水泥浆体和骨料的界面过渡区上，是材料的一个重要的微观特征参数，而且它随着水泥的水化过程也发生着变化，本身的尺寸、分布、形态、孔径分布和数量等参数对混凝土特别是传输性能和强度等宏观性能有重要的影响。

3.4.1 孔结构的分级

水泥混凝土内部结构复杂，孔的尺寸涵盖 Å 到 μm 数量级，跨度很大，不同数量级对材料的性能影响是不同的，可以分为微观、细观和宏观三个等级来分析。根据布特等人的研究把孔的尺寸进行了量化分级，并给出了各级孔对性能影响的情况，具体见表 3-9。

孔的分类　　表 3-9

分级	孔的名称	孔的尺寸	性能影响
一级	凝胶孔	<10nm	对混凝土的强度无害
二级	过渡孔	10～100nm	对强度有少量的危害
三级	毛细孔	100～1000nm	产生毛细作用，有害孔
四级	大孔	>1000nm	对强度、耐久性影响最大，多害孔

Mehta P K 按孔径大小将混凝土的孔大体分为小于 4.5nm、4.5～50nm、50～100nm、大于 100nm 等四级，他认为只有其中大于 100nm 的孔才影响混凝土的强度和渗透性；寺村悟和坂井悦郎认为孔径为 10～50nm 的中毛细孔和孔径为 50nm～10μm 的大毛细孔对混凝土材料的强度和渗透性能影响最大。吴中伟院士将混凝土内孔分为 4 类，无害孔的孔径小于 20nm、少害孔的孔径在 20～100nm 范围内、有害孔孔径在 100～200nm 范围内和多害孔孔径大于 200nm，要想获得密实、高强和低渗透的混凝土材料必须降低孔隙率，避免多害孔，减少有害孔。

3.4.2 混凝土孔的测试方法

混凝土内的孔范围较广，他们对混凝土的不同性能影响差别较大，可以根据孔隙的尺寸、孔径范围和外观等不同，选择合适的测试方法。目前常用的孔测试方法包括：光学法、压汞法、等温吸附法、X-射线小角度散射法等。光学法采用光学或电子显微镜和图像分析仪统计不同物质的灰度差异进行辨别获得物质的比例。存在缺点主要有取样代表性的问题、显微镜分辨率问题和图像分析误差的问题等。一般采用光学显微镜观察大孔，用电子显微镜观察微孔。压汞法是根据施加压力和进汞量的关系确定孔的尺寸和比例，进而得到总孔隙率、孔径分布、最可几孔径、平均孔径、有效孔隙率和曲折度等参数，主要测试的是开口孔，封闭孔测不到。该方法测试的孔径根据压力不同可以测试尺寸在 1.8nm～200μm 范围。存在的问题包括压力大小的选择、试样代表性问题、试样干燥处理方法选择和汞的污染对人体健康危害等问题。吸附法测试原理是根据施加压力和材料吸附以及脱附氮气量之间的关系来测定孔的参数，参数包括孔分布、比孔容积和比表面积等。常用吸附方法为 N_2 吸附法，通常用于测定孔尺寸在 5～350Å 范围内的孔。X 射线小角散射法（SAXS）是根据 X 射线波长等参数和晶体间距之间的关系来测试孔的尺寸，可以测试封闭孔、与墨水瓶形态（口小肚大）的孔，测试大孔时有较大的误差，比较适合 20～300Å 以下的微孔，孔隙率结果比压汞法要大。

3.4.3 关于混凝土材料孔结构模型研究现状

混凝土内部孔隙主要包括硬化胶凝材料、骨料及硬化胶凝材料与骨料的界面过渡区内的孔。各国学者在研究混凝土微结构的时候都是从胶凝材料孔结构开始的。胶凝材料硬化后的微观结构存在固液气三相、尺寸跨度大、均匀性差，整体非常复杂，内部微结构组成不是一成不变的，而是随时间而发生变化的。各国学者在研究水泥混凝土材料时通过不同的假设条件，建立多种微观计算和概念模型，从不同的角度进行深入探究。几种典型的模型如下所述。

1. Powers-Brunauer 模型

简称 Powers 模型，该模型认为水泥加水后开始水化，产生水化产物，水化产物体积数量大于原来体积，这样就占据了水分原有体积，水分体积慢慢减少，水化中剩余水的体积为毛细孔，毛细孔体积的比例主要受水胶比和水化反应程度影响，尺寸较大，在 μm 级左右。

水泥水化产物中致密的水化硅酸钙内部存在尺寸较小的凝胶孔，模型中认为凝胶孔的比例是固定的，为 28%，内部含有凝胶水；其他水化产物晶体较疏松，之间存在尺寸较大的过渡孔。

2. Feldman-Sereda 模型

该模型认为水泥水化产物水化硅酸钙未含大量的凝胶孔，而微观结构为层状晶体结构，水分可以进入内部大孔，湿度增大时可引起层间渗流，可采用甲醇、液氮或室温下的氮气等介质测试内部孔隙。

3. München 模型

München 模型是由 F·H·Wittmann 提出，基于吸附和统计方法建立了水泥基材料中水和固相之间的相互关系，可用来定量预测水泥的一些力学性质。

4. 近藤-大门模型

该模型是近藤连一和大门正机根据实验数据综合改进 Powers-Brunauer、Feldman-Sereda 模型提出的，认为水泥石中含有凝胶孔、层间水、结构水和非蒸发水、过渡孔和毛细孔，其中孔的尺寸分类和 Powers-Brunauer 模型近似。

5. 计算机模型

水泥基材料研究模型中引入的计算机技术，特别探究其微观结构的情况。第一代模型是研究水泥基材料内部颗粒物质的空间排布情况；第二代模型主要描述水化过程中微观结构的变化情况；第三代模型可以模拟预测水泥浆体微结构的力学等性能。

3.4.4 实验设计和结果、讨论

本实验配合比详见 3.2.1 和 3.2.2 部分，研究了不同水胶比 0.53、0.35、0.23，不同粉煤灰掺量 10%、30%、50%和不同硅灰掺量 4%、8%、12%情况下对胶凝材料水化 28d、90d 的孔结构情况。

1. 实验方法

采用常用的压汞法来测试胶凝材料水化不同龄期的孔结构参数。实验中采用美国麦克公司生产的 AutoPore Ⅳ 9500 型压汞仪，最大汞压为 50200 PSI（Pounds per Square Inch），约 346MPa。所测试的孔径范围约为 202μm～4.2nm，汞的接触角和表面张力分别取 140°、0.485N/m。可以分析材料的孔隙率和孔隙分布等情况。设备见图 3-21，压汞示意图见图 3-22。

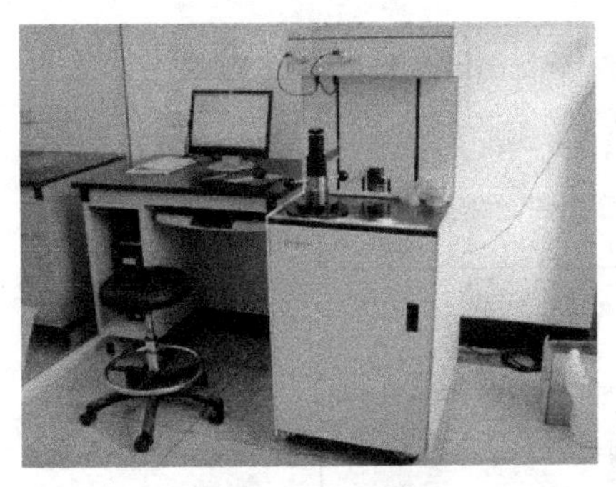
图 3-21 压汞仪

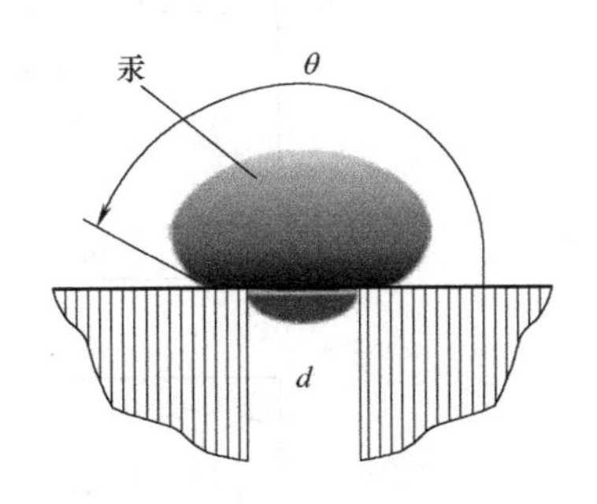

图 3-22 压汞示意图

根据假设孔都为圆柱形的，Washburn 公式表示进汞压力 P 和孔直径 d 之间关系，可以表示为式（3-6）：

$$P=-\frac{4r\times\cos\theta}{d} \tag{3-6}$$

其中 r 为汞的表面张力；θ 为汞和孔表面的接触角；P 为进汞压力；d 为孔直径。

实验结果为设定压力 P 下、半径大于 d 的所有孔隙的体积 V，直径在（d，$d+\delta d$）孔隙范围内体积等于（P，$P+\delta P$）下侵入的汞的体积，$V=f(d)$ 为孔径分布积分曲线，V 通常对 d 的对数取微分，则

$$V=f_1(\log d) \tag{3-7}$$

$$\frac{\mathrm{d}V}{\mathrm{d}d}=f_2(\log d) \tag{3-8}$$

得到 V，$\frac{\mathrm{d}V}{\mathrm{d}d}$，$\log d$ 之间的关系。

在混凝土材料中常见的孔包括 4 种，连续孔、墨水瓶形态的孔（口小肚大）、半通孔、孤立封闭孔。如图 3-23 所示。

四种孔的进汞和退汞示意图见图 3-24，其中墨水瓶形态（口小肚大）的孔在退汞的时候由于其本身的孔径形态汞很难退出，基本保留在孔内部。

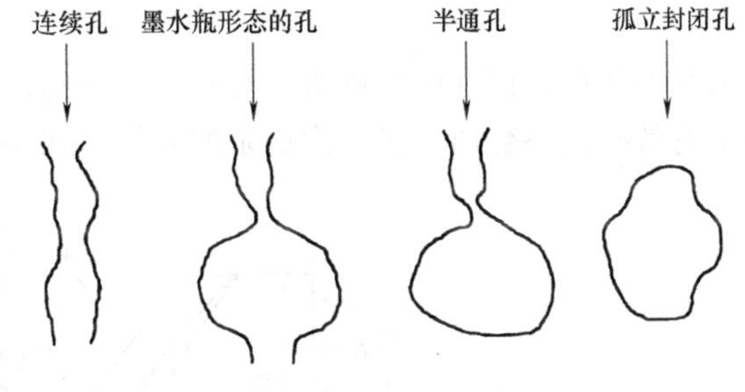

图 3-23 孔的分类

图 3-25 中，（a）为孔径分布和累计进汞量之间关系图，（b）为孔径分布和进汞体积与孔径对数值之间关系图。

临界孔径描述为汞压入的体积明显增加变化时所对应的最大孔径，相当于孔径阈值，指超过此孔径时，可以将较大的孔隙连通起来，在实验中造成了进汞量的一个突变增长，可反映孔隙间连通的难易程度。

最可几孔径为$\frac{\mathrm{d}V}{\mathrm{dlog}d}$和 $\log d$ 作图的曲线中峰值对应的孔直径。

有效孔隙率，指的是压力进汞后退汞结束，再次进汞，第二次累积进汞量和第一次总

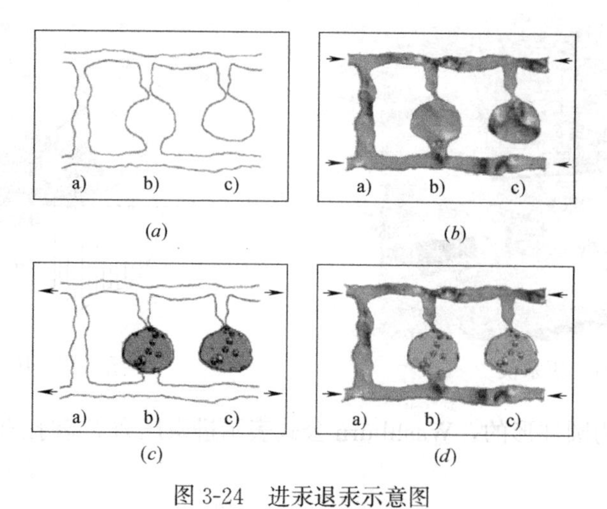

图 3-24　进汞退汞示意图

（a）初始状态；（b）初次进汞后；（c）初次退汞后；（d）第二次进汞

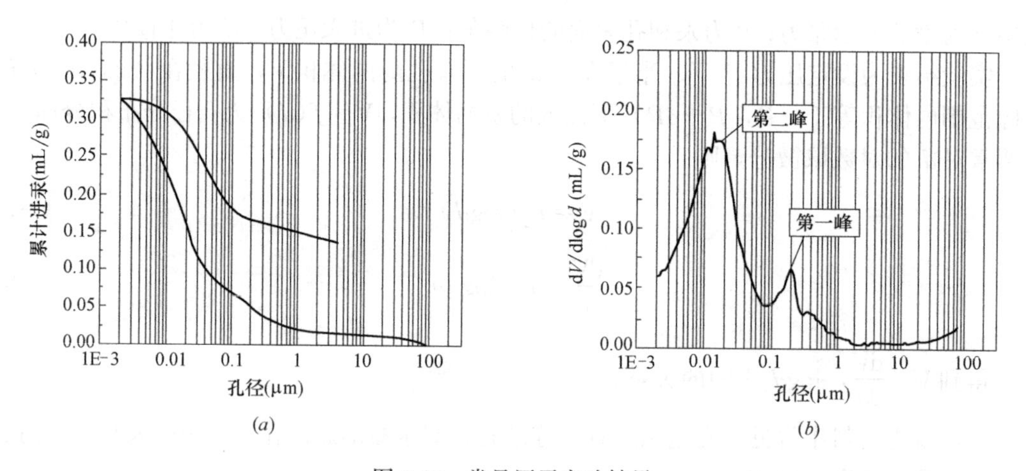

图 3-25　常见压汞实验结果

（a）孔径进汞曲线；（b）孔径进汞变化曲线

进汞量的比值，假如两次进汞没有破坏孔结构，二次退汞的曲线基本和第一次退汞曲线重合，有效孔隙率数值等于一次退汞的汞体积和一次总进汞量的比值。见图 3-26。

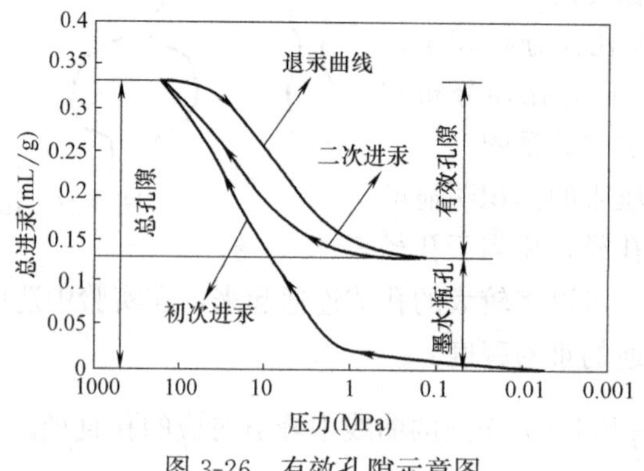

图 3-26　有效孔隙示意图

2. 实验结果和讨论

（1）28d 和 90d 的胶凝材料孔结构见表 3-10。

胶凝材料水化 28d 和 90d 的孔结构 **表 3-10**

编号	w/b	粉煤灰(%)	硅灰(%)	孔隙率(%)28d	孔隙率(%)90d
1	0.53	0	0	33.94	33.20
2	0.35	0	0	18.94	16.91
3	0.35	10	0	25.35	19.77
4	0.35	30	0	25.39	22.63
5	0.35	50	0	25.79	23.30
6	0.23	0	0	14.33	13.62
7	0.23	0	4	12.12	10.93
8	0.23	0	8	9.92	7.22
9	0.23	0	12	11.54	8.08

（2）水胶比 0.53、0.35、0.23 对孔结构的影响，见图 3-27、图 3-28。

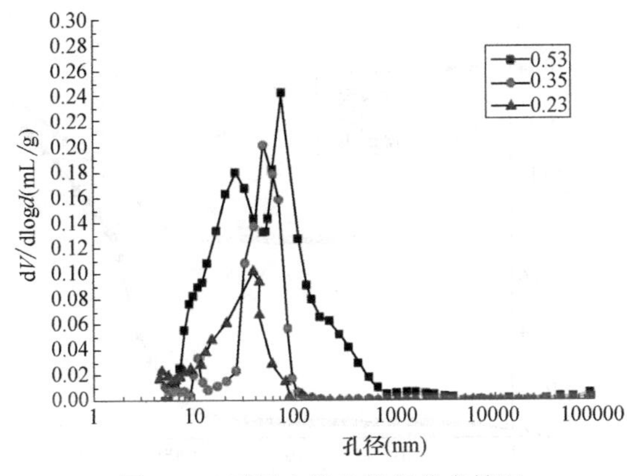

图 3-27 不同水胶比孔径分布情况

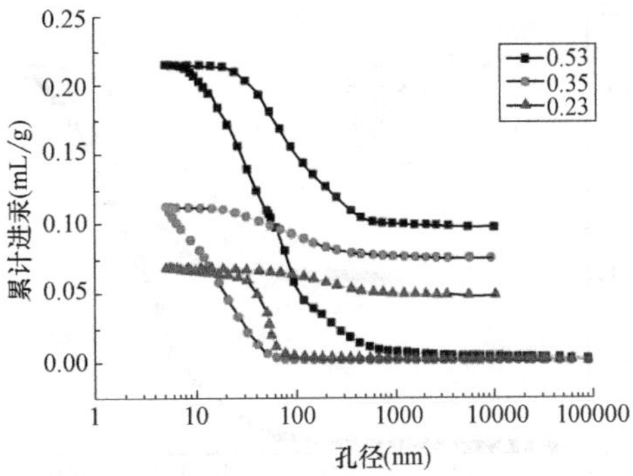

图 3-28 不同水胶比累计进汞量和孔径分布

（3）不同粉煤灰掺量对孔结构影响，见图 3-29、图 3-30。

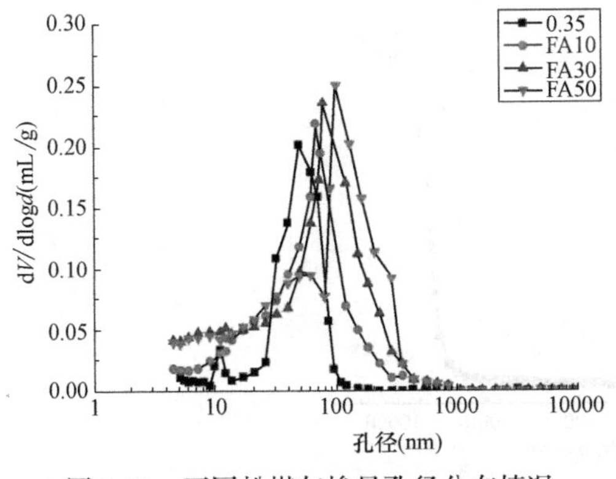

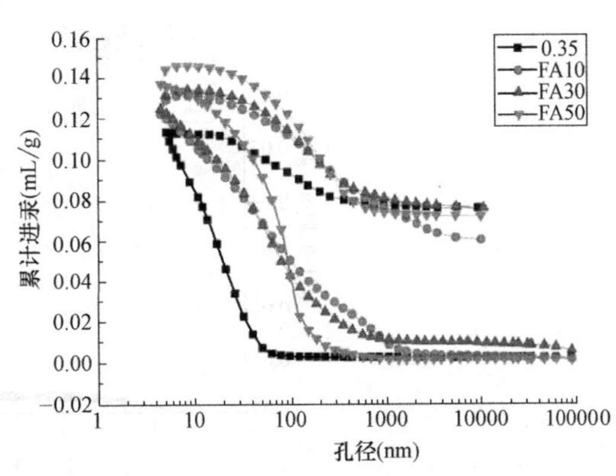

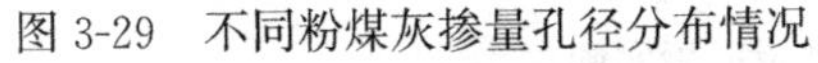
图 3-29 不同粉煤灰掺量孔径分布情况

图 3-30 不同粉煤灰掺量累计进汞量和孔径分布

（4）不同硅灰掺量对孔结构影响，见图3-31、图3-32。

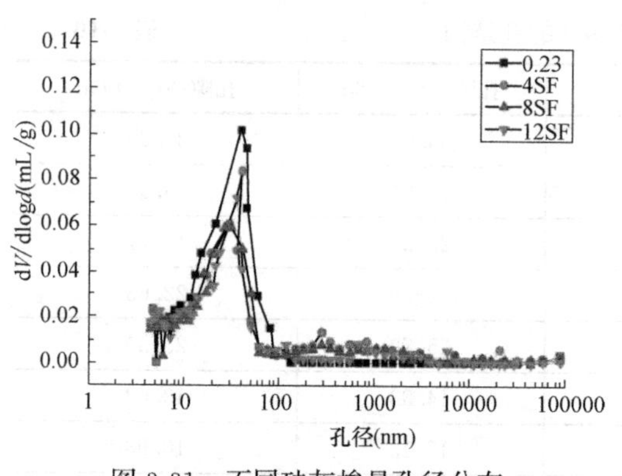

图3-31　不同硅灰掺量孔径分布

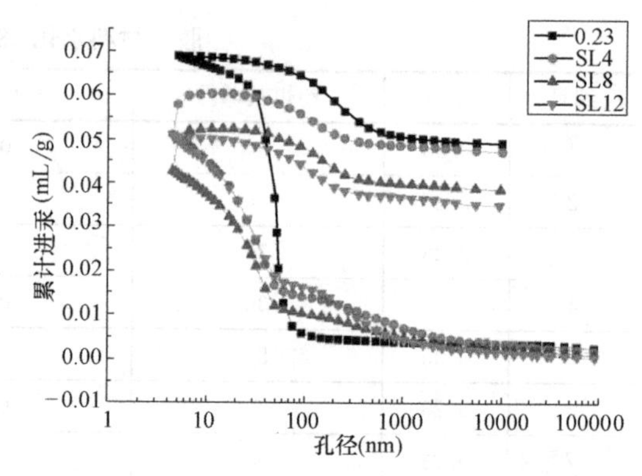

图3-32　不同硅灰掺量累计进汞量和孔径分布

（5）28d有效孔隙率

通过压汞实验的二次进汞实验可以测出样品的有效孔隙率，二次进汞退汞实验结果见图3-33～图3-35所示，水泥净浆浆体28d有效孔隙率见表3-11。

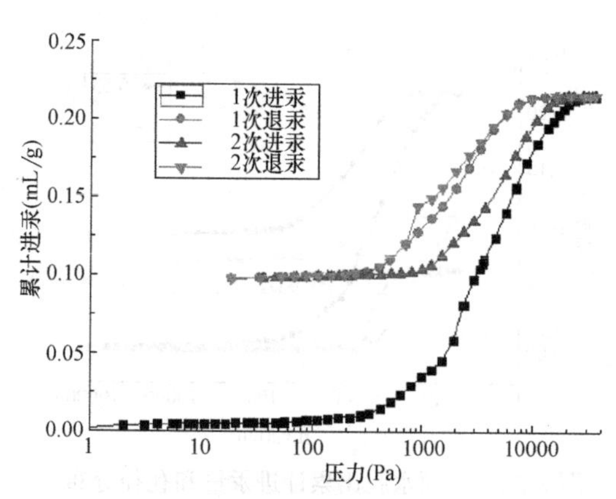

图3-33　0.53浆体二次进汞退汞实验

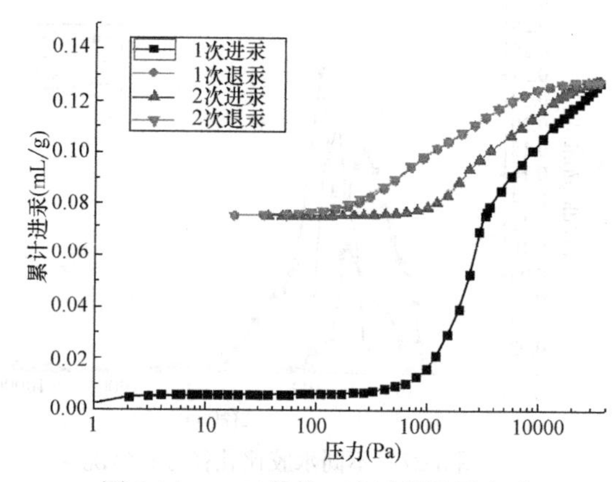

图3-34　0.35浆体二次进汞退汞实验

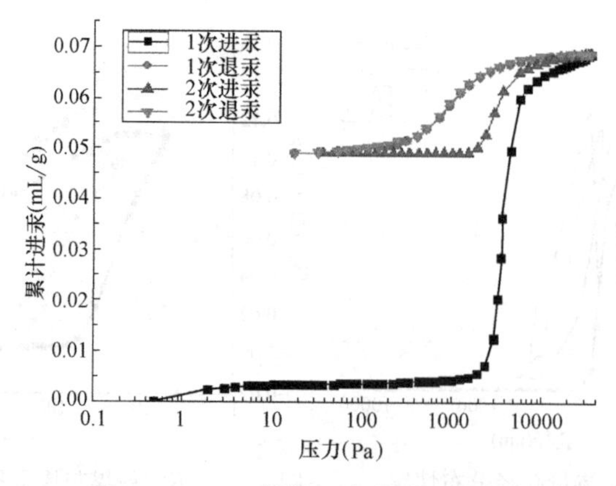

图3-35　0.23浆体二次进汞退汞实验

水泥净浆浆体 28d 有效孔隙率　　表 3-11

项目	0.53 水胶比(%)	0.35 水胶比(%)	0.23 水胶比(%)
孔隙率	33.94	22.63	14.33
占比	0.55	0.42	0.32
有效孔隙率	18.67	9.50	4.58

(6) 结果分析

随着水胶比的变小，总进汞量变少，也就是浆体中总孔隙率变小，在$\frac{dV}{d\log d}$和 $\log d$ 图中峰值变小，最可几孔径也变小，孔隙总体细化；掺粉煤灰浆体中，粉煤灰本身颗粒较小，起到填充效应，但是取代水泥加入后，又减少了水泥的数量，结果为两种效应综合的结果，实验结果看来，纯水泥浆体的孔隙率最小，最可几孔径也是最小的，28d 时随着粉煤灰掺量的增加，浆体中总孔隙率提高，且随着粉煤灰的填充效应使增加幅度变缓；对于硅灰来说，主要的影响是硅灰的细度比水泥小一个数量级填充效应明显，有较高活性，可促进 28d 水化，4%的硅灰浆体和 8%的硅灰浆体总孔隙率降低，12%的硅灰浆体总孔隙率和 4%的硅灰浆体比较接近，都比纯水泥浆体总孔隙率低。实验通过二次进汞退汞实验测得了浆体的有效孔隙率，根据实验原理得知有效孔隙率是一次进汞后，部分汞在退汞时留在了墨水瓶形态孔中（口小肚大）未退出，二次进汞又重新进入，说明此孔隙对外连通，容易被介质进入，途径连通着的墨水瓶形态孔进入，这部分孔隙是介质在材料中的传输通道，直接影响着其传输性能，按照实验的原理，有效孔隙率的结果对介质传输性能比总孔隙率更加重要。由纯水泥浆体实验结果可见，水胶比为 0.53 的浆体中，有效孔隙率占 0.55；水胶比为 0.35 的浆体中，有效孔隙率占 0.42；水胶比为 0.23 的浆体中，有效孔隙率占 0.32；平均的有效孔隙率占 0.43，此结果表明，水胶比越大的浆体有效孔隙率越大，起连通作用的孔隙较多，对介质传输有利；水胶比小的浆体有效孔隙率越小，起连通作用的孔隙较少，对介质传输不利。

参考文献

[1] P. K. Metha, P. J. M. Monteiro. Concrete: microstructure, properties, and materials [M]. The McGraw-Hill Companies, 2014.

[2] 蔡正咏. 混凝土性能 [M]. 北京：中国建筑工业出版社，1979.

[3] 刘巽伯，魏金照，孙丽玲. 胶凝材料-水泥、石灰、石膏的生产和性能 [M]. 上海：同济大学出版社，1990.

[4] Wittmann F H W, Schwesinger P. 高性能混凝土-材料特性与设计（冯乃廉译）[M]. 北京：中国铁道出版社，1997.

[5] H. F. W. Taylor. Cement chemistry [M]. London: Thomas Telford, 1997.

[6] 袁润章. 胶凝材料学 [M]. 武汉：武汉工业大学出版社，1996.

[7] 张大同. 水泥性能及其检验 [M]. 北京：中国建材工业出版社，1994.

[8] 汪澜. 水泥混凝土组成性能应用 [M]. 北京：中国建材工业出版社，2005.

[9] 施惠生，黄小亚. 硅酸盐水泥水化热的研究及其进展 [J]. 水泥，2009，12：4-10.

[10] 刘数华，方坤河．胶凝材料的水化热研究综述 [J]．商品混凝土，2008，11：9-11.
[11] 过昶，王文秋，俞汉清．粉煤灰掺量对胶砂强度和胶凝材料水化热的影响 [J]．浙江建筑，2004，12：40-42.
[12] 高少霞，穆红英．粉煤灰对硅酸盐水泥水化热影响的试验研究 [J]．大众科技，2008，9，68-69.
[13] 房皓，王迎辉．粉煤灰对水泥水化热的影响规律研究 [J]．西部探矿工程，2005，4：23-24.
[14] 史非，王立久．高掺量粉煤灰矿渣水泥水化进程及水化热的研究 [J]．新型建筑材料，2003，1：13-16.
[15] Wang J C，Yan P Y. Influence of initial casting temperature and dosage of fly ash on hydration heat evolution of concrete under adiabatic condition [J]. Journal of Thermal Analysis and Calorimetry，2006，85 (3)：755-760.
[16] 杨华全，覃理利，董维佳．掺粉煤灰和高效减水剂对水泥水化热的影响 [J]．混凝土，2001，12：9-12.
[17] Pei M S，Wang Z F，Li W W，et al. The properties of cementitious materials superplasticized with two superplasticizers based on aminosulfonate-phenol-formaldehyde [J]. Construction and Building Materials，2008，22 (12)：2382-2385.
[18] Mollah M. Y. A，Palta P，Hess T. R，et al. Chemical and physical effects of sodium lignosulfonate superplasticizer on the hydration of portland cement and solidification/stabilization consequences [J]. Cement and Concrete Research，1995，25 (3)：671-682.
[19] 程智清，林星平，杨勇．粉煤灰与磷矿渣对水泥水化热及胶砂强度的影响 [J]．水利水电科技进展，2009，8：55-62.
[20] 李虹燕，丁铸，邢锋，等．粉煤灰、矿渣对水泥水化热的影响 [J]．混凝土，2008，10：54-57.
[21] 聂强，陈磊，牛文阁，等．不同掺合料对水泥水化热的影响 [J] 粉煤灰，2007，3：3-5.
[22] Mostafa N Y，Brown P W. Heat of hydration of high reactive pozzolans in blended cements：Isothermal conduction calorimetry [J]. Thermochimica Acta，2005，(2)：162-167.
[23] Yunsheng Zhang，Wei Sun，Sifeng Liu. Study on the hydration heat of binder paste in high-performance concrete [J]. Cement and Concrete Research，2002 (32)：1483-1488.
[24] Langan B W，Weng K，Ward M A. Effect of silica fume and fly ash on heat of hydration of Portland cement [J]. Cement and Concrete Research，2002，32 (7)：1045-1051.
[25] Grutzeck M W，Atkinson S D，Roy D M. Mechanism of hydration of CSF in calcium hydroxide solutions，Proceedings of the first international conference on the use of fly ash，silica fume，slag and natural pozzolans in concrete [J]. American Concrete Institute，1983，(2)：643-664.
[26] Yogendran V，Langan B W，Ward M A. Hydration of cement and silica fume paste [J]. Cement and Concrete Research，1991，21 (5)：691-708.
[27] Snelson D G，Wild S，O'Farrell M. Heat of hydration of Portland Cement-Metakaolin-Fly ash (PC-MK-PFA) blends [J]. Cement and Concrete Research，2008，38 (6)：832-840.
[28] Zhu H B，Wang P M. Effects of Slag，High-Calcium Fly Ash and Activation Materials on Early Hydration Degrees of Cements [J]. Journal of the Chinese Ceramic Society，2008，36 (4)：470-475.
[29] Pane Ivindra，Hansen Will. Investigation of blended cement hydration by isothermal calorimetry and thermal analysis [J]. Cement and Concrete Research，2005，35 (6)：1155-1164.
[30] Abdulhamit Subasi，Yilmaz Ahmet Serdar，et al. Prediction of early heat of hydration of plain and blended cements using neuro-fuzzy modelling techniques [J]. Expert Systems with Applications. 2009，36 (3)：4940-4950.

[31] Krstulovic R，Dabic P. A conceptual model of the cement hydration process [J]. Cement and Concrete Research，2000，30 (5)：693-698.
[32] 陈悦. 热导式等温量热仪在水泥水化研究中的应用 [J]. 现代科学仪器. 2005，5：59-62.
[33] Anne-Mieke Poppel，Geert De Schutter. Analytical Hydration Model for Filler Rich Binders in Self-compacting Concrete [J]. Journal of Advanced Concrete Technology 2006，(4)：259-266.
[34] Reinhard. H. W，Blauwendraad. J，Jongendijk. J. Temperature development in concrete structures taking account of state dependent properties [C]，in Proceedings of the International Conference on Concrete at early ages，Paris，1982. 08：211-218.
[35] W. B. Boast，A. Conductometric Analysis of Portland Cement Pastes and Mortars and Some of Its Applications [J]. Journal of American Concrete Institute，1936：33：131.
[36] Gregor Trtnik，Goran Turk，Franci Kavčič，et al. Possibilities of using the ultrasonic wave transport method to estimate initial setting time of cement paste [J]. Cement and Concrete Research，Volume 38，Issue 11，2008. 12：1336-1342.
[37] T. Öztürk，O. Kroggel，P. Grübl，J. S. Popovics Improved ultrasonic wave reflection technique to monitor the setting of cement-based materials [J]. NDT & E International，2006，(39)：258-26.
[38] Tarun and R. Naik. Determination of the water content of concrete by the microwave method [J]. Cement and concrete research，1987，(17)：927-938.
[39] Wittmann. F. H，Schlude. F. Microwave absorption of hardened cement paste [J]. Cement and Concrete Research，1975，(5)：63-71.
[40] E. J. Garboczi，L. M. Schwartz，D. P. Bentz. Modelling the D. C. electrical conductivity of mortar [J]. Material Research Society Symp. Proc，1995，(370)：429-436.
[41] O. Henning ，A. Oelschlager，Binde-baust off-Taschenbuch [M]. 1984：305.
[42] F. D. Tamas. Electrical conductivity of cement paste [J]. Cement and Concrete Research，1982，(12)：115-120.
[43] F. D. Tamas. Low-frequency electrical conductivity of cement，clinker and clinker mineral pastes [J]. Cement and Concrete Research，1987，(17)：340-348.
[44] W. J. McCarter. Gel formation during early hydration [J]. Cement and Concrete Research，1987，(17)：55-64.
[45] W. J. McCarter，A. B. Afsher. Monitoring the early hydration mechanisms of hydraulic cement [J]. Journal of Materials Science，1998，23：488-496.
[46] C. Vernrt，E. Démoulian，P. Gourdin，et al. Hydration kinetics of Portlandcement [A]. 7th International Congress on the Chemistry of Cement [C]. PartⅡ，Paris，1980：219-224.
[47] K. R. Backe，O. B. Lile，S. K. Lyomov. Characterizing curing cement slurries by electrical conductivity [J]. SPE Drilling&Completing，2001，12：201-207.
[48] Youssef El Hafiane，Agnès. Smith，et al. Electrical characterization of aluminous cement at the early age [J]. Cement and Concrete Research ，2000，(30)：1057-1062.
[49] 袁润章. 胶凝材料学 [M]. 武汉：武汉工业大学出版社，1996：108-109.
[50] M. Cabeza，P. Merino，A. Miranda，et al. Sanchez. Impedance spectroscopy study of hardened Portland cement paste [J]. Cement and Concrete Research，2002，(32)：881-891.
[51] G. Dotelli，C. M. Mari. The evolution of cement paste hydration process by impedance spectroscopy [J]. Materials Science and Engineering A，Volume 303，Issues 1-2，15 May 2001：54-59.
[52] C. Andrade，V. M. Blanco，A. Collazo，et al . Cement paste hardening process studied by im-

pedance spectroscopy [J]. Electrochimica Acta, 1999, (44): 4313-4318.

[53] 史美伦，张莹. 水泥水化早中期的交流阻抗研究（Ⅰ）—起始期的交流阻抗分析 [J]. 建筑材料学报，2002，5 (3)：210-214.

[54] 史美伦，张莹. 水泥水化早中期的交流阻抗研究（Ⅱ）—诱导期到减速期的交流阻抗响应 [J]. 建筑材料学报，2002，5 (4)：331-335.

[55] Ping Gu, Ping Xie, J. J. Beaudion, et al. Investigation of the retarding effect of superplasticizers on cement hydration by impedance spectroscopy and other methods [J]. Cement and Concrete Research, 1994, (24): 433-442.

[56] J. M. Torrents, J. Roncero, R. Gettu. Utilization of impedance spectroscopy for studying the retarding effect of a superplasticizer on the setting of cement [J]. Cement and Concrete Research, 1998, (28): 1325-1333.

[57] 史美伦，陈志源. 硬化水泥浆体孔结构的交流阻抗研究 [J]. 建筑材料学报，1998，3：30-35.

[58] M. Cabeza, M. Keddam, X. R. Nóvoa, et al. Impedance spectroscopy to characterize the pore structure during the hardening process of Portland cement paste [J]. Electrochimica Acta, 2006, (51): 1831-1841.

[59] Ping Gu, Ping Xie, J. J. Beaudoin. Microstructural characterization of the transition zone in cement systems by means of A. C. impedance spectroscopy [J]. Cement and Concrete Research, 1993, (23): 581-591.

[60] 杨正宏，史美伦. 水泥浆体/碎石界面性能的交流阻抗研究 [J]. 重庆建筑大学学报，2002，2，124-128.

[61] 曲生华，宋文娟，杨正宏. 再生粗集料混凝土力学性能的阻抗谱研究 [J]. 粉煤灰，2007，6：6-9.

[62] I. Sánchez, X. R. Nóvoa, G. de Vera, et al. Climent Microstructural modifications in Portland cement concrete due to forced ionic migration tests -Study by impedance spectroscopy [J]. Cement and Concrete Research, 2008, (38): 1015-1025.

[63] 贺鸿珠，陈志源，史美伦，等. 掺粉煤灰混凝土抗渗性和氯离子扩散性的交流阻抗研究 [J]. 混凝土，2000，9：55-58.

[64] 贺鸿珠，陈志源，史美伦. 海水侵蚀下钢筋混凝土耐久性的交流阻抗谱 [J] 建筑材料学报，2000，6：187-189.

[65] S. Perron, J. J. Beaudoin. Freezing of water in portland cement paste-an ac impedance spectroscopy study [J]. Cement and Concrete Composites, 2002 (24): 467-475.

[66] Ping Gu, Zhongzi Xu, Ping Xie, et al. An impedance spectroscopy study of micro-cracking in cement-based composites during compressive loading [J]. Cement and Concrete Research, 1993, (23): 675-682.

[67] Ping Gu, Yan Fu, Ping Xie, et al. Characterization of surface corrosion of reinforcing steel in cement paste by low frequency impedance spectroscopy [J]. Cement and Concrete Research, 1994, (24): 231-242.

[68] T. O. Mason, M. A. Campo, A. D. Hixson, et al. Impedance spectroscopy of fiber-reinforced cement composites [J]. Cement and Concrete Composites, 2002, (24): 457-465.

[69] L. Y. Woo, S. Wansom, N. Ozyurt. Characterizing fiber dispersion in cement composites using AC-Impedance Spectroscopy [J]. Cement and Concrete Composites, 2005, (27): 627-636.

[70] 肖莲珍，李宗津，魏小胜. 用电阻率法研究新拌混凝土的早期凝结和硬化 [J]. 硅酸盐学报，2005，33 (10)：1271-1275.

[71] TAMAS. F. D. Electrical conductivity of cement paste [J]. Cement and Concrete Research, 1982, 12 (1): 115-120.
[72] 冯乃谦，刑锋. 高性能混凝土技术 [M]. 北京：原子能出版社，2000.
[73] 吴中伟，廉慧珍. 高性能混凝土 [M]. 北京：中国铁道出版社，1999.
[74] 袁润章. 胶凝材料学 [M]. 武汉：武汉工业大学出版社，1989.
[75] P. K. Metha, P. J. M. Monteiro. Concrete: microstructure, properties, and materials [M]. The McGraw-Hill Companies, 2014.
[76] 寺村悟，坂井悦郎. 为混凝土高强化而开发的混合材 [A]. 高强混凝土与高效混凝土译文集第一册 [C]. 清华大学，1994: 61-67.
[77] 廉慧珍. 建筑材料物相研究基础 [M]. 北京：清华大学出版社，1996.
[78] Sidney Diamong. Aspects of concrete porosity revisited [J]. Cement Concrete Research, 1999, (29): 1181-1188.
[79] Kyoji Tanaka, et al. Development of teehnqe for observing pores in hardened cement paste [J]. Cement Concrete Research, 2002, (32): 1435-1441.
[80] Rakesh Kumar, et al. Study on some factors affecting the results in the use of MIP method in concrete research [J]. Cement Concrete Research, 2003, (33): 417-424.
[81] Sidney Diamond . Mercury porosimetry an inappropriate method for the measurement of pore size distributions in cement-based materials [J]. Cement Concrete Research , 2000, (30): 1517-1525.
[82] 刘玉新. 颗粒材料孔结构形态的测量和表征 [J]. 中国粉体技术，2000, (6): 186-189.

混凝土的组成与微结构定量计算

自 1824 年发明水泥以来，近两百年中混凝土历经钢筋混凝土、预应力混凝土和化学外加剂三次技术革命，成为世界用量最大的土木结构材料之一。混凝土组成与性能之间关系的研究一直是混凝土界研究的热点之一。现代混凝土由水泥、细骨料、粗骨料、水、矿物掺合料以及化学外加剂等多组分组成，跨越多个尺度、组成不均匀、结构复杂，宏观上具有强度较高、耐水、耐火、耐久性能较好和成本较低等优点，微观上混凝土组成成分繁多，各种物质的数量、分布、形态以及化学组成差异较大。

4.1 硬化混凝土宏观组成

现代材料学的核心是材料组成与性能的关系，表现为材料的宏观性能取决于微观结构，从材料的凝结硬化形成过程到材料的性能劣化都是从材料的微观到宏观的渐进过程，因此要了解材料的微观结构对预测与控制宏观性能有重要的意义。以一个钢筋混凝土结构建筑为例，像剥洋葱一样从外向内、从宏观向微观尺度渐进，混凝土结构体系由一个一个的梁、板、柱和墙等构件组成，其中混凝土构件由钢筋和混凝土材料组成，多组分复合材料混凝土可以继续深入划分。一般肉眼的鉴别极限大约为 200μm，首先从肉眼能见的粗大结构将混凝土划分几个组成部分。图 4-1 为经过抛光的混凝土试样的表面，宏观上可以清晰地分辨出硬化后混凝土主要由三相组成，这三相分别是骨料相（粗骨料石子、细骨料砂子）、水泥浆体相（胶凝材料体含孔隙）以及骨料与水泥浆体两相之间的界面过渡区相（含孔隙）。

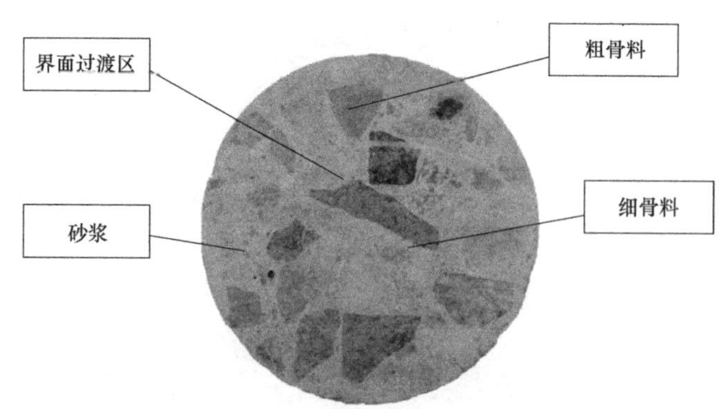

图 4-1　混凝土抛光面

混凝土组成这三相分布不均匀，彼此本身也是不均匀的和多相的，比如说水泥浆体有的地方像骨料一样密实，有的地方却是高度多孔的。骨料与水泥浆体两相之间的界面过渡区是指水泥浆体与骨料之间的渐变区域，像包裹在骨料表面一层厚度为 10～50μm 的薄壳，一般比其他两项要弱一些，尽管它尺寸很小，但对混凝土的影响远比它本身尺寸要大得多。骨料表面粗糙存在孔隙和微小裂纹并存在多种矿物，界面过渡区、水泥浆体区也含有分布不均匀、不同类型和数量的固相、孔隙、微裂缝等；混凝土组成结构不是稳定不变的，主要是由于水泥浆体和界面过渡区随着时间、温度和环境的湿度而发生变化。

4.1.1 骨料相

骨料相在混凝土中起骨架作用，主要是对混凝土体积密度、荷载下变形、膨胀收缩等起作用。骨料一般在混凝土内比例含量最大，本身强度除轻骨料外较大，还有骨料的尺寸、粒径分布和坚固性等都影响着混凝土的宏观性能；除碱-骨料反应外，一般情况下认为混凝土中的骨料为惰性填充，不考虑骨料的化学作用影响。

骨料的颗粒形状近似球状或立方体形，且表面光滑、表面积较小时，对混凝土流动性有利，然而表面光滑的骨料与水泥石粘结较差。砂的颗粒较小，一般较少考虑其形貌，但是石子就必须考虑其针状、片状的含量。粗骨料的外观形状和表面特征见图 4-2。

图 4-2　粗骨料的外观形状和表面特征

粗骨料中当尺寸偏大，或针状、片状的形状较多时，会造成混凝土发生较重的泌水现象，水分泌出后会形成连通孔隙，影响混凝土的密实性；泌出的水还会聚集到混凝土表面，引起表面疏松；泌出的水积聚在骨料或钢筋的下表面会形成孔隙，从而削弱了骨料或钢筋与水泥石的粘结力，最终将影响钢筋混凝土质量。图 4-3 中表示混凝土内部泌水趋向在大尺寸、针状或片状骨料上集聚，在这些位置上，界面过渡区变弱并产生微裂缝。另外当配比中骨料所占比例一致但粒径分布和颗粒级配不同时，也会导致界面过渡区的数量发生变化。

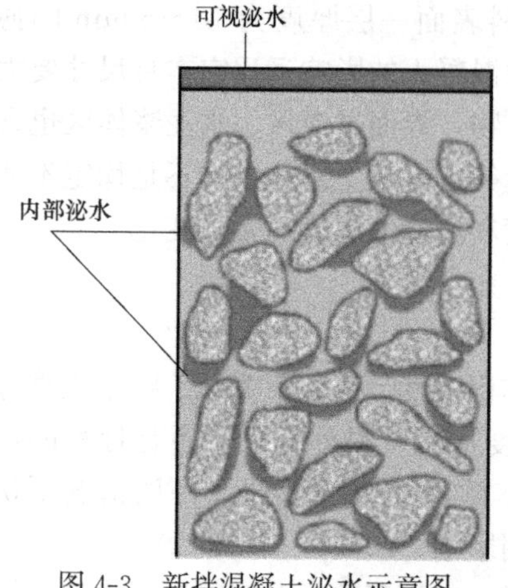

图 4-3 新拌混凝土泌水示意图

4.1.2 水泥浆体相

水泥浆体相同样在宏观尺寸上表现出不均匀性，其外观密实程度、孔隙分布、孔隙的多少、孔隙的特征等差别很大。水泥经过两磨一烧，在高温下生料中含有的氧化钙、氧化硅、氧化铝和氧化铁反应生成的几种矿物的不均匀混合产生熟料，熟料与适量石膏和矿物掺合料二次粉磨产生水泥成品，其中熟料的矿物主要有 C_3S、C_2S、C_3A 和 C_4AF 四种。水泥加水拌和后，水泥颗粒分散在水中，成为水泥浆体，开始了凝结与硬化的过程，见图 4-4。

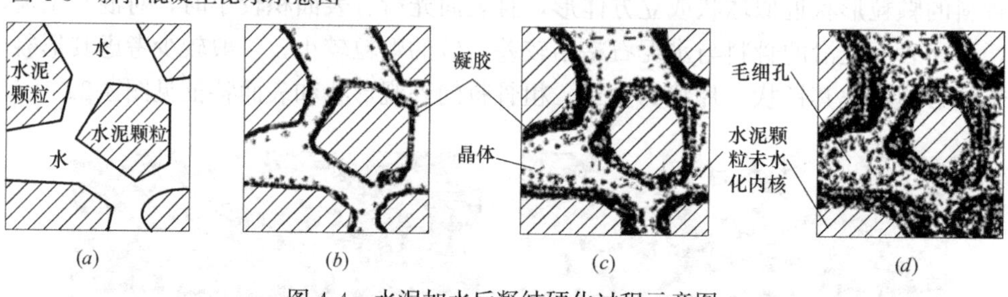

图 4-4 水泥加水后凝结硬化过程示意图

水泥加水开始水化后，水泥颗粒表面矿物开始溶解，颗粒之间的距离较大，产生的水化产物水化硅酸钙和氢氧化钙晶体以及其他产物附着在颗粒表面；随着水化的继续进行，水化产物越来越多，开始交织，彼此之间距离越来越近，宏观上水泥产生初凝现象，开始失去可塑性；慢慢地水化产物重叠碰撞，导致水泥颗粒间的孔隙降低，水泥宏观上完全失去可塑性，发生终凝，开始产生结构强度。水泥的水化反应是由颗粒表面逐渐深入到内层的。当水化产物增多时，堆积在水泥颗粒周围的水化产物不断增加，以致阻碍水分继续深入，使水泥颗粒内部的水化越来越困难，经过长时间的水化以后，较多水泥颗粒仍剩余尚未水化的内核。因此，硬化后的水泥浆体相是由凝胶体（凝胶和晶体）、未水化水泥颗粒内核和毛细孔组成的非匀质结构体。

4.1.3 界面过渡区相 ITZ

界面过渡区为水泥浆体和骨料之间的组成部分，尺寸在 μm 级，和水泥浆体部分有着较大的差异，尽管其尺寸很小但对混凝土的性能有着巨大的影响。界面过渡区本身的特性如下：混凝土内部骨料颗粒发生泌水等现象，在界面过渡区的水胶比高于水泥浆体；界面过渡区含有的水化产物晶体结晶粗大，特别是六方片状物质具有取向倾向，一般情况下结构相对水泥浆体疏松，孔隙率也高于水泥浆体；矿物掺合料的掺加可以和水泥水化产物发生二次反应，可以填充界面过渡区的孔隙，有利于改善过渡区的密实度，增加界面强度。

图 4-5 示意图可得出界面过渡区的特点，水胶比大、结晶大、取向、孔隙多；图中针形柱状组成为钙钒石，六方片状组成为氢氧化钙，纤维和错综复杂的网状组织之间的物质为水化硅酸钙。界面过渡区由于本身水胶比大、结构疏松并含有微裂缝，内部孔隙率大，

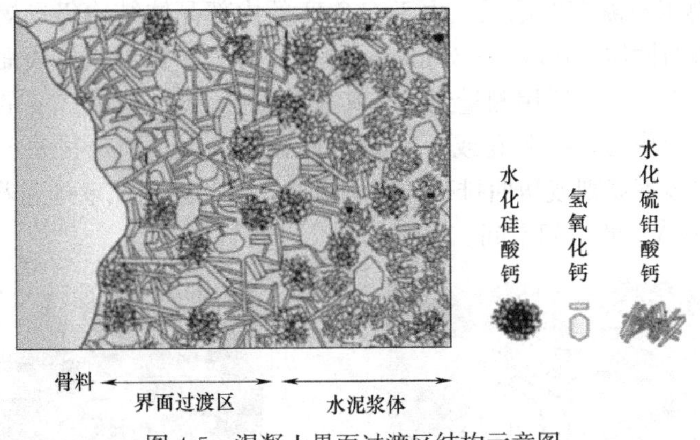

图 4-5 混凝土界面过渡区结构示意图

造成界面区强度较低，而且影响骨料和浆体的粘结，在受力的作用下容易发生劈裂破坏；掺加活性的矿物掺合料与水泥或骨料表面矿物发生反应，可以提高界面过渡区的强度。界面过渡区对混凝土宏观性能的影响：界面过渡区普遍被认为是混凝土“木桶原理”组成中的最短板，在受到不同荷载作用下，会在界面过渡区引起应力集中使原有微裂缝扩展，荷载继续增加时会产生破坏，特别是在拉应力作用下，界面显得尤为薄弱；同样弹性模量也会因为界面过渡区的提前开裂而降低；而界面过渡区的高孔隙率和微裂缝会形成扩散的通道，对混凝土抗渗性不利。

4.2 硬化混凝土中水泥浆体微观组成

硬化混凝土宏观可划分为骨料相、水泥浆体相和界面过渡区三相，其中水泥浆体相可以继续分解，细化为各种水化产物相和孔隙。硅酸盐水泥熟料主要的矿物组成包括硅酸三钙（C_3S）、硅酸二钙（C_2S）、铝酸三钙（C_3A）和铁铝酸四钙（C_4AF），水泥水化过程中当水泥分散于水中，水泥开始溶解发生水化反应产生水化产物，随时间的延长水化产物越来越多，产物之间距离缩短，孔隙变小，经过初凝、终凝后结构慢慢形成。

图 4-6 水化良好的硅酸盐水泥浆体模型中 A 代表结晶很差的 C-S-H 颗粒的聚集体，尺寸在 1～100nm，在聚集体中颗粒间的空间为 0.5～3.0 nm（平均约为 1.5nm）；H 代表六方晶体产物，例如 CH、C_4AH_{19}、C_4ASH_{18} 形成较大的晶体，一般有 1μm 宽；C 代表毛细管孔穴或孔隙，当初期水所占的体积未被水泥水化产物所填充时它们就形成了；毛细管孔隙的尺寸变动于 10nm～1μm，但在水化良好的低水胶比水泥浆体中，其尺寸小于 100nm。图 4-7 为部分硅酸盐水泥水化产物图片。通过扫描电镜可以观察到水泥浆体中主要含有四种固相：水化硅酸钙凝胶（C-S-H）、氢氧化钙晶体（CH）、水化硫铝酸钙晶体（$C_xA\bar{S}H_y$）、未水化水泥熟料颗粒。

水化硅酸钙凝胶，其 C/S 变动在 1.5～2.0 范围内，并且其水的含量变动更大，在完全水化的硅酸盐水泥浆体中占有 50%～60%的固体体积，因此，它是决定浆体性质最为重要的相。C-S-H 的形貌也常变动于结构很差的纤维和错综复杂的网状组织之间。由于 C-S-H 凝胶尺寸小并有成簇的倾向，以前假定其类似于天然矿物托勃莫来石，这就是有时称 C-S-H 为托勃莫来石凝胶的原因。由于 C-S-H 的内部晶体结构仍未揭示，有两个模型可以用来解释材料的性质。Powers-Brunauer 模型认为 C-S-H 材料有表面积非常高的层间结构，表面面积大小决定于所用测量工具，其表面积在 100～700m^2/g 的数量级，材料的强度主要来源于范德华力，凝胶孔或者称固-固距离约为 18Å。Feldman-Sereda 模型认为 C-S-H 结构是由许多不规则或扭曲排列的层所组成，这些杂乱无章排列着的层片构成不同形状和尺寸（5～25Å）的层间空间。

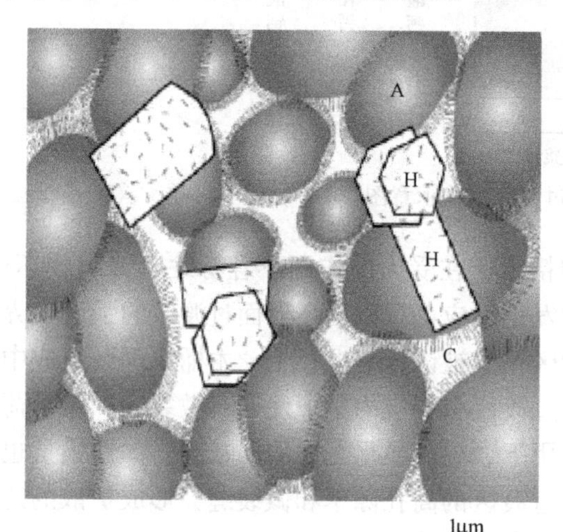

图 4-6　硅酸盐水泥水化模型

图 4-7　硅酸盐水泥水化产物

氢氧化钙 CH 在水泥石中占固体体积的 20%～25%，一般化学组成固定但晶粒大小不同。它趋向于形成具有与众不同的六方柱状形貌的大晶体，其形貌通常受有效空间、水化程度和存在于系统中的杂质等影响，而变动于不可名状的形貌至大的板状晶体堆积之间。与 C-S-H 比较，氢氧化钙由于表面积非常小，其结果是范德华力所提供的强度潜力有限。在水化硅酸盐水泥中氢氧化钙大量存在，由于它相比 C-S-H 有较高的溶解度，所以对酸溶液的化学耐久性起降低作用。

水化硫铝酸钙 $C_xA\bar{S}H_y$ 在水化浆体中占固体体积的 15%～20%，因此在结构与性能关系间仅起着次要的作用。当水化早期，液相的硫酸盐、氧化铝离子一般有利于产生三硫型水化物 $C_6A\bar{S}_3H_{12}$，即钙矾石（AFt），它是呈针形柱状的晶体。在普通硅酸盐水泥中钙矾石最后转化为六方板状单硫型水化物，即 $C_4A\bar{S}H_{18}$（AFm）。在硅酸盐水泥混凝土中单硫型水化物的存在使混凝土易受硫酸盐的侵蚀。另外，钙矾石和单硫型水化产物都含有少量氧化铁，它在晶体结构中可以置换氧化铝。

未水化熟料颗粒，取决于未水化水泥的粒径分布和水化程度，可以在水化水泥浆体甚至长期水化后的微观结构中发现。现代硅酸盐水泥中熟料颗粒一般符合范围 1～50μm，少量颗粒大于 50μm。水化发展过程中，较小的水泥颗粒完全溶解，大颗粒的表面由于存在致密水化产物覆盖，水化变得缓慢。

除以上相外，在各相中存在一些孔隙和水。水包括毛细管水、吸附水、层间水和化学结合水；孔隙包括 C-S-H 中的层间空间孔隙、毛细孔隙、气孔。C-S-H 中的层间空间：Powers 假定在 C-S-H 结构中层间空间的宽度为 18 Å，在固体 C-S-H 中孔隙率占 28%，按 Feldman、Sereda 建议空间可以变动在 5～25 Å。层间空间由于尺寸较小，仅影响水泥石宏观的体积变形，对其强度等力学性能和抗渗性影响不大。毛细孔：未被水化产物占据的空间。水泥-水拌合物的总体积在水化的过程中基本保持不变。水化产物的平均块体密度比未水化硅酸盐水泥的密度要低得多，据估计 1 体积的水泥完全水化后产物大约增长到 2.2 体积。水泥的水化可以认为是水化产物体积增大，占据水原来空间，之间的未被占空间形成毛细孔，其尺寸取决于水化程度和水胶比。水化良好的水泥浆体中，毛细孔的尺寸大约在几十 μm 的数量级，水胶比大的样品孔径约在 μm 数量级；其中尺寸大的孔隙对强度和抗渗性能有害，尺寸小的对体积变形起决定作用。气孔：相对不规则的毛细孔，气孔一般呈球形，产生原因不同。外加剂加入混凝土中引入非常小的气孔，尺寸在 50～200μm；在新拌水泥浆体的时候，陷入些气孔，尺寸最大可达 mm 级，形成可见缺陷。所以，在水泥浆中这些尺寸较大的孔隙为有害孔，对强度和抗渗性能影响巨大。

4.3 水化硅酸钙微观组成

水化硅酸钙（C-S-H）是水泥水化的主要水化产物之一，被认为是影响水泥基材料强度和其他性能最重要的水化产物。早期学者研究时认为 C-S-H 是均匀的，主要是从其数量的多少研究其贡献大小，随着现代微观测试技术的发展，C-S-H 也被检测到存在多相、不均匀和存在凝胶孔等复杂性。例如 Taylor 将 C-S-H 凝胶分为内层水化产物、外层水化产物，内层产物贴近水泥颗粒相对致密，外层附着在内层表面相对疏松。Nonat 采用 AFM 技术（原子力显微镜），Constantinides 和 Ulm 等采用 DSI 深度敏感纳米压痕技术，Groves G・W 采用透射电子显微镜（TEM）技术验证了 C-S-H 微观上的复杂性。为便于研究，Jennings 和 Tennis 根据氮吸附法测试比表面积实验中氮气是否能够进入 C-S-H 的凝胶孔，将其简化分为高密度 C-S-H 凝胶（HD C-S-H）和低密度 C-S-H 凝胶（LD C-S-H），模型示意图见图 4-8。

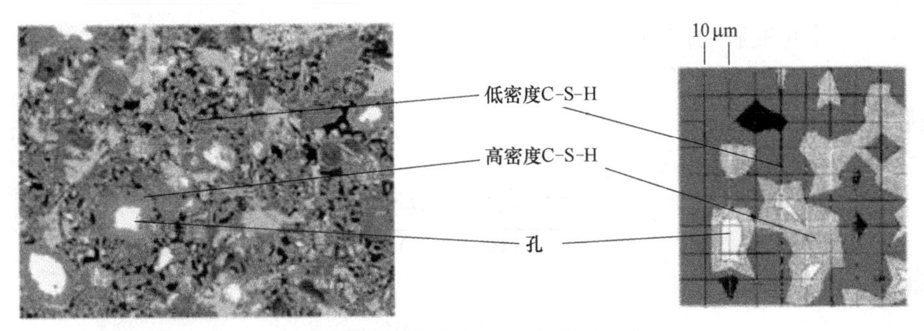

图 4-8 高密低密 C-S-H 凝胶示意图

4.4 水泥浆体微结构理论定量计算

水泥加水拌和均匀得到的流动性混合物为水泥浆体，经初凝终凝产生的结构物为硬化水泥石。水泥种类繁多，按化学组成可分硅酸盐系列水泥、铝酸盐系列水泥和铁铝酸盐系列水泥等。水泥净浆狭义上是指由硅酸盐水泥（Portland cement）PⅠ、PⅡ型和水拌和后制备的浆体。根据多尺度理论研究传输性能的情况来看，要对硬化水泥净浆的传输系数进行预测，组成相的体积分数是一个必须确定的重要参数。

对于净浆中各产物体积分数获得，目前关于水泥水化产物体积分数定量计算的主要模型是Powers模型和J-T（Jennings-Tennis）模型。

4.4.1 Powers模型

Powers模型目前已被众多学者广泛接受，其理论首先假设水泥石结构吸水饱和，内部毛细孔和凝胶孔完全充满水。假设水泥石中含有cg初始未水化水泥，则水泥石的总体体积V_{total}按式（4-1）计算：

$$V_{total}=cV_c+W_nV_n+(W_g+W_c)V_d \tag{4-1}$$

式中 c——未水化水泥的质量（g）；

W_n——非蒸发性水的质量（g）；

W_c——毛细孔中水的质量（g）；

W_g——凝胶孔中水的质量（g）；

V_c——水泥的比容（cm^3/g）；

V_d——可蒸发性水即毛细水和凝胶水的比容（cm^3/g）；

V_n——不可蒸发性水的比容（cm^3/g）；

W_n、W_c、W_g和水泥石中含有cg未水化水泥相对应。

而按照初始状态也可计算水泥石的体积，见式（4-2）：

$$V_{total}=cV_c+W_0V_d \tag{4-2}$$

式中 W_0——初始用水质量（g）；

V_d——水的比容（cm^3/g）。

水化产物水化凝胶的体积可以按式（4-3）计算：

$$V_B=\alpha cV_c+W_nV_n+W_gV_d \tag{4-3}$$

式中 V_B——水化凝胶的体积（cm^3）；

α——水化程度（%）。

最后推得如下结果：

水化凝胶的体积率为：

$$V_{hyd}=\frac{\alpha V_c+(V_n+ak)\alpha(W_n^0/c)}{(W_0V_d/c)+V_c} \tag{4-4}$$

凝胶孔的体积率为：

$$V_{gelpore}=\frac{akV_d\alpha(W_n^0/c)}{(W_0V_d/c)+V_c} \tag{4-5}$$

毛细孔的体积率为：

$$V_{cap}=\frac{W_0V_d/c-(V_n+ak)\alpha(W_n^0/c)}{(W_0V_d/c)+V_c} \tag{4-6}$$

未水化水泥的体积率为：

$$V_u=\frac{(1-\alpha)c}{(W_0V_d)+V_c} \tag{4-7}$$

而W_n^0/c可通过式（4-8）求得：

$$\frac{W_n^0}{c}=0.187(C_3S)+0.158(C_2S)+0.665(C_3A)+0.123(C_4AF) \tag{4-8}$$

按照Powers理论，对大多数硅酸盐水泥而言：

$$\begin{cases} V_c \approx 0.32 \\ V_d \approx 1.00 \\ V_a \approx 0.75 \\ a \approx 3.3 \\ k \approx 0.25 \\ W_n^c/c \approx 0.23 \end{cases} \tag{4-9}$$

将式（4-9）代入式（3.4）～式（3.7）可求得

水化凝胶的体积率为：

$$V_{hyd}=\frac{0.68\alpha}{(W_0/c)+0.32} \tag{4-10}$$

凝胶孔的体积率为：

$$V_{gelpore}=\frac{0.19\alpha}{(W_0/c)+0.32} \tag{4-11}$$

毛细孔的体积率为：

$$V_{cap}=\frac{(W_0/c)-0.36\alpha}{(W_0/c)+0.32} \tag{4-12}$$

未水化水泥的体积率为：

$$V_U=\frac{0.32(1-\alpha)}{(W_0/c)+0.32} \tag{4-13}$$

4.4.2 J-T模型

Powers模型已被广泛接受，因为它得到的预测值与实验测量的毛细孔和凝胶孔吻合很好，但是它并不能提供水泥水化产物其他相的信息，尤其是在C-S-H相中两类不同C-S-H凝胶量。而区分这两类凝胶对研究现代混凝土的传输性能、力学性能以及耐久性能有极其重要的意义。

纯水泥浆硬化体的固相体积与孔隙率相关内容如下。

水泥浆体模型一般假定为几个独立的区域组成：C-S-H（包括凝胶孔）、固相的体积和毛细孔的体积。图4-9是示意图。这种划分提高了Powers模型，因为它预测了各固相的体积，如未水化水泥、CH、AFm和C-S-H以及毛细孔和凝胶孔的体积，而在微结构里这些相是普遍的，其他相的数量相对较小。

（1）水化产物体积分数计算

水化产物体积分数的定量计算，输入的计算参数是水泥的组成，初始水胶比（用来提供初始的水泥和水的体积），试样的水化程度。水泥的组成由Taylor提出的修改的Bogue方程计算，虽然部分水化产物不是化学计量的化合物，Jennings和Tennis简化近似的结合化学计量的方法提出较为合理的硅酸盐水泥中各种矿物相水化方程见式（4-14）～式(4-19)：

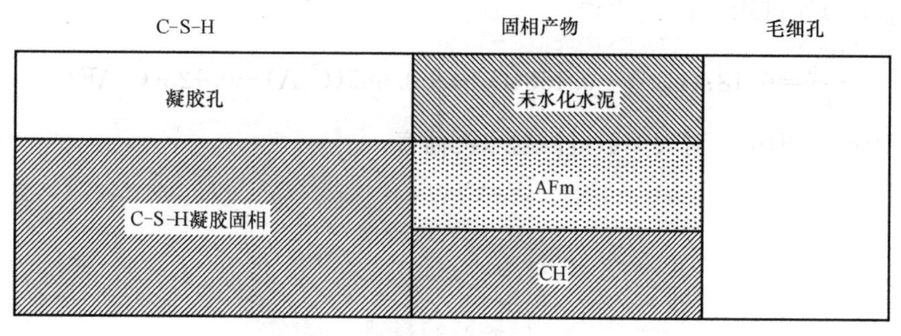

图 4-9　水泥水化产物模型示意图

$$2C_3S+10.6H \rightarrow C_{3.4}S_2H_8+2.6CH \tag{4-14}$$

$$2C_2S+8.6H \rightarrow C_{3.4}S_2H_8+0.6CH \tag{4-15}$$

$$C_3A+3C\bar{S}H_2+26H \rightarrow C_6A\bar{S}H_{32} \tag{4-16}$$

$$C_3A+3C\bar{S}H_2+26H \rightarrow C_6A\bar{S}H_{32} \tag{4-17}$$

$$C_3A+CH+12H \rightarrow C_4AH_{13} \tag{4-18}$$

$$C_4AF+2CH+10H \rightarrow 2C_3(A,F)H_6 \tag{4-19}$$

模型中所用的关键参数　　表 4-1

组成	分子式	密度 (kg/m³)	摩尔质量 (kg/mol)	摩尔体积 (cm³/mol)
Alite	C_3S	3150	0.228	72.4
Belite	C_2S	3280	0.172	52.4
Aluminate	C_3A	3030	0.270	89.2
Ferrite	C_4AF	3730	0.486	130.3
Water	H_2O	998	0.018	18.0
Gypsum	CSH_2	2320	0.172	74.1
Calcium Hydroxide	CH	2240	0.074	33.1
Hydrogarnet	$C_3(A,F)H_6$	2670	0.407	152.7
AFm, saturated	C_4ASH_{12}	1990	0.623	346
AFm, D-dried	C_4ASF_8	2400	0.551	229
AFt, saturated	C_6ASH_{32}	1750	1.225	717
AFt, D-dried	$C_6AS_3H_7$	2380	0.805	338
Calcium aluminate hydrate	C_4AH_{13}	2050	0.560	274
C-S-H, saturated	$C_{3.4}S_2H_8$	1700	0.455	267.7
C-S-H D-dried	$C_{3.4}S_2H_3$	2300	0.365	158.7
LD C-S-H, D-dried	$C_{3.4}S_2H_3$	1440	0.365	252
HD C-S-H, dried	$C_{3.4}S_2H_3$	1750	0.365	211

根据表 4-1 和式（4-20）～式（4-26）就可以定量计算各产物的体积，具体如下：

C 指的是 1g 纯水泥浆体中水泥的质量，$C=1/(1+W_0/C_0)$；初始的水泥和水总体积为$V_T=c/\rho_c+1-C$；其他体积按式（4-20）～式(4-26）计算：

未水化水泥的体积：$V_{unreactedcement}=C(1-\alpha_{total})/\rho_{cement}$ (4-20)

氢氧化钙的体积：$V_{CH}=C(0.189\alpha_1 p_1+0.058\alpha_2 p_2-0.136\alpha_4 p_4)$ (4-21)

钙矾石类相的体积：$V_{AFm}=C(1.1839\alpha_3 p_3+0.672\alpha_4 p_4)$ (4-22)

水化硅酸钙的体积：$V_{C-S-H}=C(0.476\alpha_1 p_1+0.631\alpha_2 p_2)$ (4-23)

毛细孔体积：$V_{capillary}=(1-C)-C\sum_{i=1}^{4}(\alpha_i p_i \Delta_i)$ (4-24)

凝胶孔体积：$V_{C-S-H\,pore}=0.22V_{C-S-H}$ (4-25)

总孔隙率：$V_{totalpores}=V_{C-S-H\,pore}+V_{capillarypore}$ (4-26)

式中V表示各相的体积分数；p_i分别为1(C_3S)、2(C_2S) 3(C_3A)4(C_4AF) 矿物组成的质量分数；α_i分别为1(C_3S)、2(C_2S) 3(C_3A) 4(C_4AF）的反应程度；Δ分别表示1(C_3S)、2(C_2S) 3(C_3A) 4(C_4AF) 水化反应的收缩系数，$\Delta_{C3S}=0.347$、$\Delta_{C2S}=0.384$、$\Delta_{C3A}=0.579$和$\Delta_{C4AF}=0.224$。

根据式（4-20）～式（4-26）可知，要计算水化产物的体积分数，首先需要知道单矿物的水化程度。

一组 Avrami-type 型方程用来近似估算各化合物的水化程度，方程的一般形式见式（4-27)：

$$\alpha_i=1-\exp[-a_i(t-b_i)^{c_i}] \tag{4-27}$$

式中α_i是反应物i的水化程度；t是试样的龄期（d）；a_i、b_i、c_i由 Taylor 经验测定列于表 4-2 中。

Avrami 方程所用的常数 **表 4-2**

组成	a	b	c
C_3S	0.25	0.90	0.70
C_2S	0.46	0	0.12
C_3A	0.28	0.90	0.77
C_4AF	0.26	0.90	0.55

阿弗拉密方程（Avrami 方程）在水化的后期阶段准确度稍低，但是可作为早期的近似值并可按要求调整。整个水化程度为各单矿水化程度的加权平均。通过增益时间直到整个水化程度计算值与测量值匹配。各单矿量可进行合理的近似，图 4-10 是根据 Avrami 方程计算的单矿物的水化程度，通过加权平均可计算水泥各龄期的水化程度，$\alpha_{cement}=K(M_{C3S}\cdot\alpha_{C3S}+M_{C2S}\cdot\alpha_{C2S}+M_{C3A}\cdot\alpha_{C3A}+M_{C4AF}\cdot\alpha_{C4AF})$；式中$\alpha_{cement}$为水泥水化程度；$M$为矿物质量分数采用 Bogue 算法获得；$K$为校正系数，常用$K$为1.038。

（2）低密度与高密度体积分数的定量计算

Hamlin M. Jennings 和 Paul D. Tennis 在 1999 年提出了硅酸盐水泥的水化硅酸钙模型，称为 Jennigs-Tennis 模型，简称 J-T 模型，电镜实验照片见图 4-11 和图 4-12。图 4-12 中是表示高水胶比和低水胶比的两类 C-S-H 凝胶，显然在高水胶比时低密度的 C-S-H 凝胶比例高，而在低水胶比时高密度 C-S-H 凝胶的比例高。该模型认为 LD C-S-H

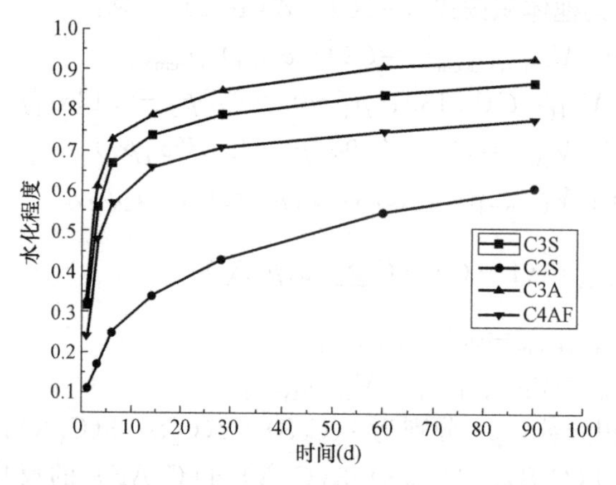

图 4-10 单矿物水化程度随龄期的变化

（低密度水化硅酸钙）凝胶致密，氮气无法进入其凝胶孔；而 HD C-S-H（高密度水化硅酸钙）凝胶相对疏松，氮气可进入其凝胶孔。

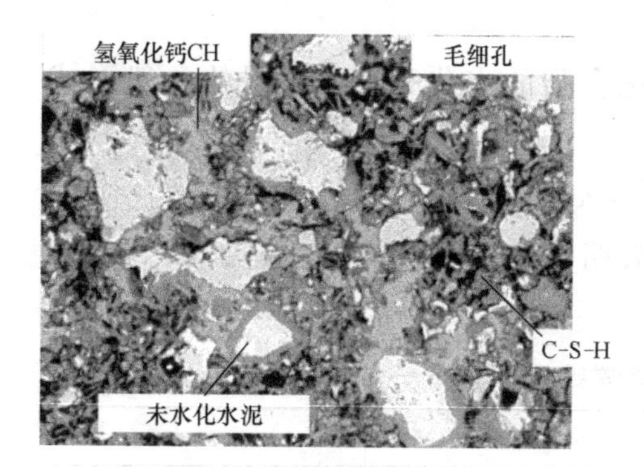

图 4-11 水泥的电镜照片

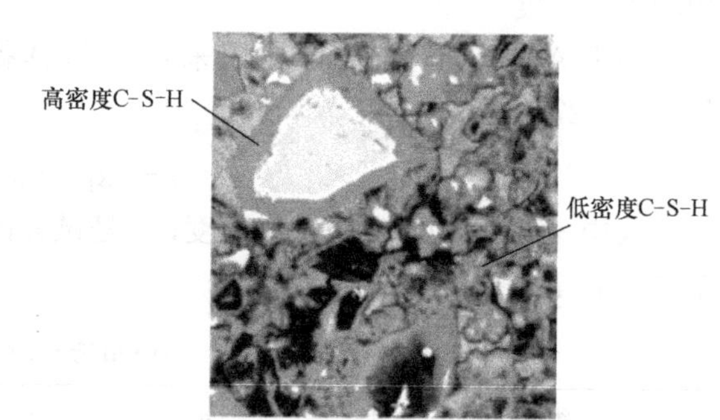

图 4-12 高密度 C-S-H 和低密度 C-S-H

Powers 在 1958 年认为 C-S-H 凝胶是由粒径为 14nm 的刚性 C-S-H 凝胶颗粒堆积而成，凝胶颗粒间的孔隙率为 28%。J-T 模型中认为 HD 凝胶和 LD 凝胶孔隙率分别为 24%和 37%。示意图见图 4-13。

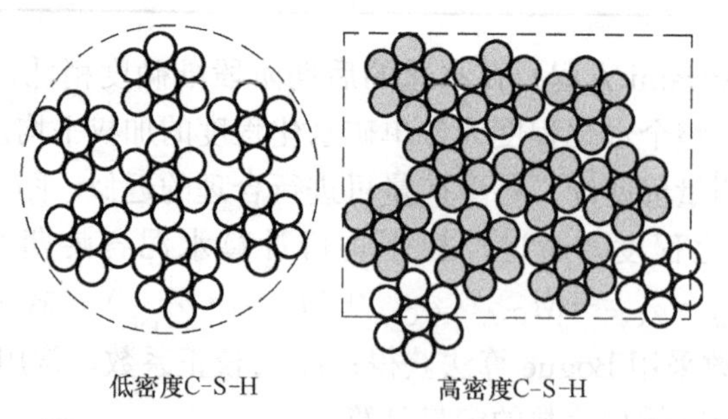

图 4-13 HD C-S-H 和 LD C-S-H 凝胶孔隙率

根据氮气吸附法，J-T 模型提出式（4-28）来区分两种 C-S-H 凝胶：

$$M_r = \frac{M_D S_{N_2}}{M_t S_t} \tag{4-28}$$

式中 M_r——氮气能进入的水化硅酸钙凝胶的质量分数（%）；

S_{N_2}——通过氮气可测量的比表面积（m^2/kg）；

M_D——D 干燥浆体的质量 kg；

S_t——每克水化硅酸钙粒子的表面积（m^2）；

M_t——C-S-H 凝胶的总质量（kg）。

J-T 模型采用实验统计回归得到的低密度和高密度水化硅酸钙凝胶的质量比，按式（4-29）～式(4-31）计算：

$$M_r = 3.017(W/C)\alpha - 1.347W/C + 0.538 \tag{4-29}$$

$$V_{HD} = \frac{M_t - (M_r M_t)}{\rho_{HD}} \tag{4-30}$$

$$V_{LD} = \frac{M_r M_t}{\rho_{LD}} \tag{4-31}$$

式中 W/C——初始水胶比；

α——反应程度（%）。

V_{HD}、V_{LD} 分别表示 HD C-S-H 和 LD C-S-H 体积分数，由式（4-29）知，计算结果取决于水胶比、水化程度，因此，低密度和高密度的区分没明显的界限，只有两者的相对比例。

硅酸盐Ⅰ型水泥根据水泥的化学组成见表 4-3，根据修正的 Bogue 方程（4-32）～（4-35）计算水泥各组分的百分含量见表 4-4，而水泥的实际水化程度见图 4-14，再根据式（4-30）、式（4-31）计算低密度和高密度的 C-S-H 凝胶在 28d 和 90d 的体积分数，见表 4-5，Powers 模型计算结果见表 4-6。结果显示两种 C-S-H 凝胶的比例随龄期和水胶比而变化。

$$C_3S = 4.071CaO - 7.6SiO_2 - 6.718Al_2O_3 - 1.430Fe_2O_3 - 2.85SO_3 \tag{4-32}$$

$$C_2S = 2.867SiO_2 - 0.7544C_3S \tag{4-33}$$

$$C_3A = 2.650Al_2O_3 - 1.692Fe_2O_3 \tag{4-34}$$

$$C_4AF = 3.043Fe_2O_3 \tag{4-35}$$

硅酸盐Ⅰ型水泥的化学组分 **表 4-3**

化学组成	百分含量(%)	化学组成	百分含量(%)
SiO_2	21.38	P_2O_5	0.10
Al_2O_3	4.67	BaO	0.041
Fe_2O_3	3.31	ZnO	0.064
CaO	62.40	MnO	0.18
K_2O	0.54	SrO	0.13
Na_2O	0.21	PbO	0.023
TiO_2	0.27	Cl	0.031
SO_3	2.25	烧失量	0.95

水泥的矿物组成（根据 Bogue equation 算法） **表 4-4**

矿物组成	百分含量(%)	矿物组成	百分含量(%)
C_3S	50.07	C_3A	6.77
C_2S	23.44	C_4AF	10.07

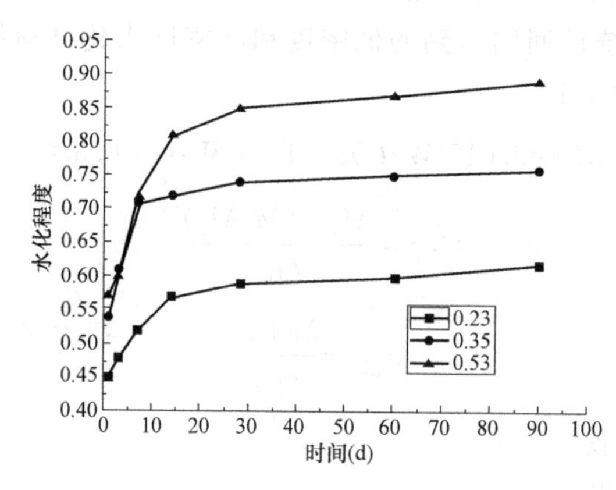

图 4-14 实验水泥的水化程度

水化产物体积分数（J-T model） **表 4-5**

W/C	t(d)	HD C-S-H (%)	LDC-S-H (%)	AFm/AFT (%)	CAFH (%)	CH (%)	Cap (%)	U_C (%)	Hyd (%)
0.23	28	27.64	9.40	9.52	5.41	10.58	7.82	29.63	62.55
	90	30.23	9.08	10.31	6.12	11.33	5.12	27.81	67.07
0.35	28	21.95	16.17	10.53	8.03	10.40	14.04	18.88	67.08
	90	26.42	17.39	10.81	7.37	11.63	11.66	14.72	73.62
0.53	28	8.67	32.00	10.18	7.89	10.80	24.84	5.62	69.54
	90	8.69	33.79	10.54	8.41	11.16	23.22	4.19	72.59

注：表中 Cap 为孔隙率，U_C 为未水化水泥，Hyd 表示水化产物，下同。

Powers 模型计算的产物体积分数 **表 4-6**

W/C	t(d)	Hyd(%)	Cap(%)	U_C(%)
0.23	28	60.46	9.81	29.73
	90	64.35	7.75	27.90
0.35	28	61.21	19.84	18.96
	90	70.10	14.78	15.13
0.53	28	68.00	26.35	5.65
	90	71.05	24.74	4.21

Powers 模型和 J-T 模型计算的结果对比，Powers 模型毛细孔的结果偏大，对比两种模型水化凝胶的体积相差不大；J-T 模型结果可以得到高密度水化硅酸钙和低密度水化硅酸钙的体积分数。

4.5 水泥浆体微结构计算机模拟定量计算

4.5.1 微结构定量计算程序

美国国家标准与技术研究院（National Institute of Stand-ards and Technology，NIST）设计研发了水泥水化过程计算机模拟程序 CEMHYD3D 软件，其水化模拟程序基于水泥颗粒的实际粒径分布和扫描电镜的背散射（BSE）图像和能谱（EDS）分析结果，建立水泥的初始微结构，然后进行矿物分相，利用元胞自动机技术操纵水泥颗粒的溶解、扩散和水化。CEMHYD3D 软件模拟程序分为三块，先建立初始微结构，再进行分相，最后是水化。采集初始数据来源于水泥颗粒的粒度分布、扫描电镜的图像和能谱分析结果。水泥激光粒度分布结果见图 4-15。

首先，建立初始微结构，假设水泥颗粒均为不同直径的球体，根据粒径分布确定不同直径的球体的数量，把这些球体放入到边长为 100 像素的立方体中，剩余的部分为水分，模拟中使用的水泥的密度为 3.15g/cm^3，根据计算 0.53 水胶比中水泥占的像素为 370920，0.35 水胶比中水泥占的像素为 471698，水胶比中水泥占的像素为 576037，以上数据未加入石膏，加入 5%石膏后，水泥的所占体积相应减少。其中水泥粒径超过 35μm 的含量较少，在计算过程中被舍掉了。

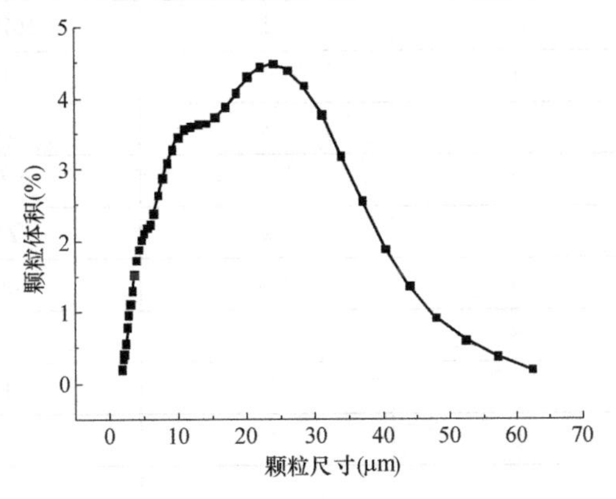

图 4-15 实验水泥激光粒度分布结果

不同水胶比的水泥颗粒参数见表 4-7～表 4-9，其中直径为两倍半径加 1，这样设计使每一个颗粒均以一个像素为中心，便于在水化模型运行过程中颗粒的移动用以模拟絮凝、团聚现象。

水胶比 0.53 的球体直径和种类 表 4-7

球的半径	球的直径	球的数量	所含像素	球种类
0.5	1	819	1	1
1	3	1453	19	2
2	5	477	81	3
3	7	158	179	4
4	9	93	389	5
5	11	38	739	6
6	13	24	1189	7
7	15	8	1791	8
8	17	11	2553	9
9	19	4	3695	10

续表

球的半径	球的直径	球的数量	所含像素	球种类
10	21	3	4945	11
11	23	3	6403	12
12	25	2	8217	13
13	27	2	10395	14
14	29	1	12893	15
16	33	1	18853	16
17	35	1	22575	17

水胶比 0.35 的球体直径和种类 **表 4-8**

球的半径	球的直径	球的数量	所含像素	球种类
0.5	1	1071	1	1
1	3	1916	19	2
2	5	631	81	3
3	7	209	179	4
4	9	121	389	5
5	11	49	739	6
6	13	31	1189	7
7	15	11	1791	8
8	17	14	2553	9
9	19	5	3695	10
10	21	4	4945	11
11	23	3	6403	12
12	25	3	8217	13
13	27	2	10395	14
14	29	2	12893	15
16	33	1	18853	16
17	35	1	22575	17

水胶比 0.23 的球体直径和种类 **表 4-9**

球的半径	球的直径	球的数量	所含像素	球种类
0.5	1	1466	1	1
1	3	2271	19	2
2	5	785	81	3
3	7	260	179	4
4	9	152	389	5
5	11	60	739	6
6	13	40	1189	7

续表

球的半径	球的直径	球的数量	所含像素	球种类
7	15	13	1791	8
8	17	20	2553	9
9	19	7	3695	10
10	21	6	4945	11
11	23	4	6403	12
12	25	3	8217	13
13	27	2	10395	14
14	29	2	12893	15
16	33	1	18853	16
17	35	1	22575	17

执行建立初始微结构的程序模块为 genpartnew. c，目的为建立初始微结构，假定水泥颗粒形状为球形，根据激光粒度仪测试得到的水泥粒径分布，确定每种加入的水泥球粒径的数量，及不同直径球体所占的体积。按照球的尺寸从大到小直到直径为 1 的球体，为简化运算直径为 1 的球体后续放入，石膏是按照水泥的比例放入的。执行后可以统计出来孔隙（水的占空间）的体积空间、水泥球体颗粒固体的体积空间、石膏的体积空间，并且可以输出初始微结构文件。

第二个模块是分相程序模块为 distrib3d. c。在执行程序前要根据水泥背散射图像和能谱图像区分水泥的矿物组成，获得水泥矿物组成数字图像，统计不同矿物的面积和周长，根据体视学的思想，二维的面积表示三维的体积，二维的周长表示三维的表面积。然后执行关系函数程序 corrcal2. c、corrcalc. c、corrxy2r. c 和 statsim2. c，获得扩展名为 sil、c3s、c3a 和 c4f 的关系文件。

在第二个模块执行前，水泥背散射图像的获得和后续的图像处理非常重要。实验称取 25g 水泥并选用高流动性的环氧树脂和固化剂制作试件，可选用美国著名仪器和科学用品制造商 Buehler 公司的高流动性环氧树脂和固化剂，利用专用试件模具制作圆柱体试件，选用的材料、模具和试件见图 4-16。

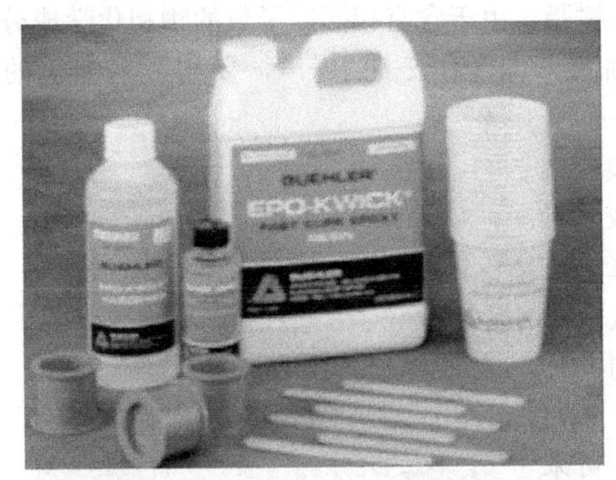

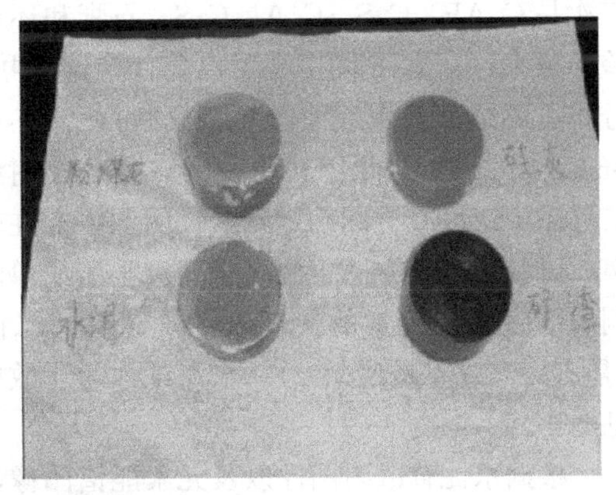

图 4-16　环氧树脂和固化剂、模具

试件在固化后脱模，为获得良好的背散射图像，试件表面要进行抛光，选用的仪器同样为 Buehler 公司提供的 Buehler Phoenix4000 抛光设备，利用专用的抛光研磨片，不同颜色表示研磨片细度不同，从粗到细细度依次为 P 180、P 600、P 1200 进行研磨，在实验过程中使用 Buehler 公司提供的抛光液抛光制冷，直至用光学显微镜观察样品表面没有划痕。最后把抛光之后的样品在乙醇（防止水化）中用超声波清洗残余的抛光液和杂质，并烘干密封。见图 4-17。

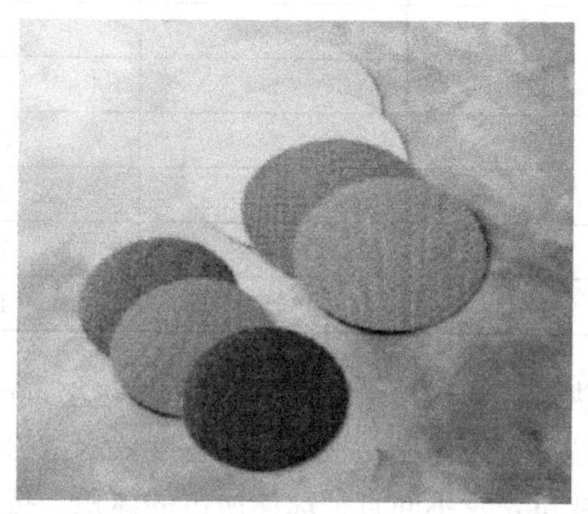

图 4-17 抛光设备和研磨片

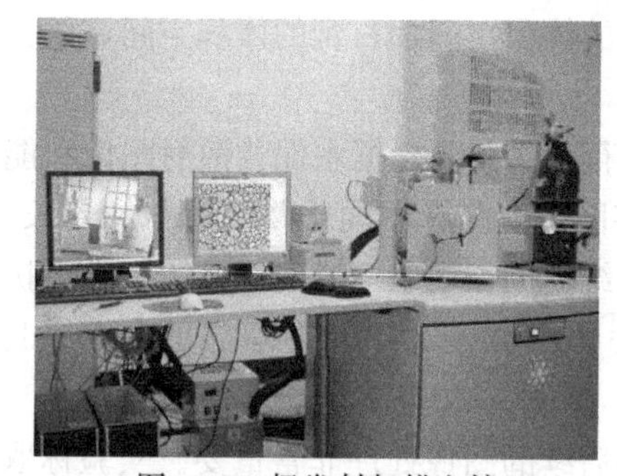

图 4-18 场发射扫描电镜

试件制作完成后，利用扫描电子显微镜进行背散射和能谱实验，选用的仪器为荷兰 Sirion 场发射扫描电镜并配有 GENESIS 60S 能谱及 OIM4000 电子背散射衍射系统，设备见图 4-18。水泥试件由于不导电表面需要进行喷碳或喷金处理，然后使用背散射电子加速、电压和管电流分别是 12kV 和 2nA。首先利用背散射电子获取样品表面物相的信号，然后采用 X 射线能谱法（管电流为 10nA）在背散射 BSE 图像的相同位置分别获取 Ca、Si、Al、Fe、S、K 和 Mg 等主要元素的 X 射线能谱图片。

在 BSE 图像中，图像的亮度和物相所含的原子数成正比，所以图像中物相从亮到暗依次是 C_4AF、C_3S、C_3A、C_2S、石膏和环氧树脂，由于含有相同原子数的物相化学成分差异很大，在 BSE 图中亮度也会有差异，再加上图像含有较多的噪声，要得到较准确的分相需要结合 X 射线能谱 EDS（Energy Dispersive Spectrometer）结果图共同分析。根据 X 射线能谱信号图中灰度直方图确定元素，图像中存在较多噪声，可取灰度直方图中两峰之间极小值或单峰中右侧肩部值为该元素的灰度阈值，可得到二值图像（是该元素或不是该元素）。水泥试样的背散射图片见图 4-19。

图 4-19 水泥试样的背散射图片

根据水泥背散射图像以及元素能谱图像，可采用工具 Matlab R2010a 根据灰度值确定元素的有效像素点，然后根据图 4-20 像素区分相的流程图确定像素点的矿物，去掉图像中的孤立物质像素位置，进而采用滤波器将孤立单个环氧位置填充 5×5 范围内最多的矿物，最后得到水泥背散射图像区分结果。

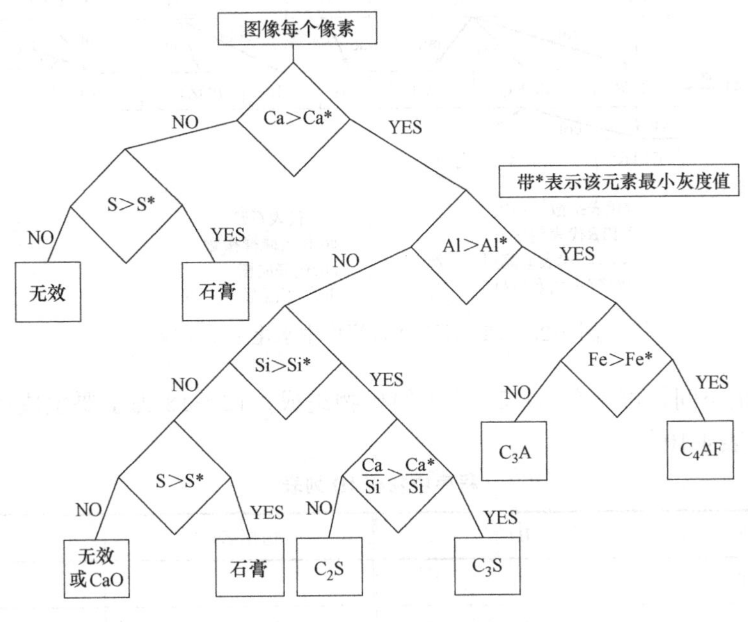

图 4-20　像素区分相的流程图

第三个模块为水化模块，水化之前要计算还应该加入的 1 像素的颗粒球体，是补充在建立初始微结构的时候缺少的 1 像素的球体；美国国家标准与技术研究院 NIST 官方提供的计算页面网址为：http：//ciks. cbt. nist. gov/～bentz/onepixel. html，具体页面见图 4-21 和图 4-22。还要有水泥中碱和掺入矿渣的具体情况，可参考程序提供的实验文件分别为 alkalichar. dat 和 slagchar. dat。在开始运行水化程序的时候，可以循环次数设为 0，这样会得到初始的微结构。水化的条件可以选择饱和或者密封的条件进行，可以设定水化的温度，循环次数和实际时间的转换参数，此参数可以设为 0. 0003，实际时间（h）为转换参数乘以循环次数的平方。输出结果包括化学收缩、水化热、微结构、各相的体积变化结果、水化程度、孔隙的逾渗情况和固相的逾渗情况等。程序水化过程见图 4-23。

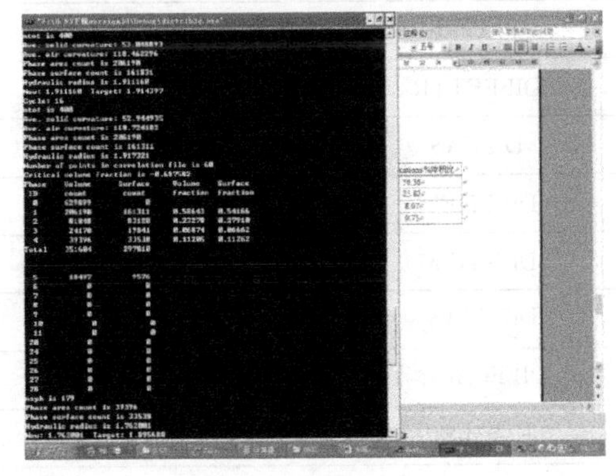

图 4-21　分相后统计结果

Calculation of numbers of one-pixel particles

Fill in the phase volume fractions and current pixel counts.

Then, specify the total number of one-pixel particles desired and click on any entry in the Table and the JavaScript routine will calculate the numbers for each phase.

Phase	Desired Volume Fraction	Current pixels	One-pixel particles
C_3S	0.6046	225034	0
C_2S	0.2428	94421	0
C_3A	0.0421	16611	0
C_4AF	0.0623	24825	0
Gypsum	0.0482	18266	0
Hemihydrate	0.00	0	0
Anhydrite	0.00	0	0

Total number of one-pixel particles: 100

defaults

图 4-22　计算加入 1 像素

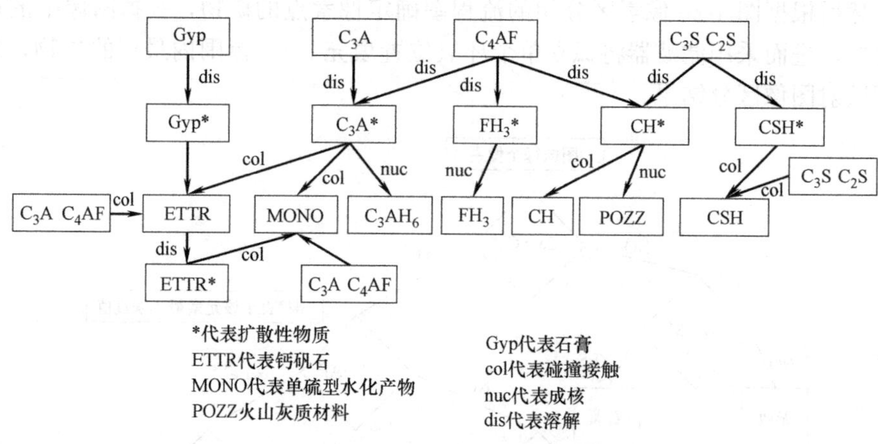

图 4-23 CEMHYD3D 程序中水化主要反应

0 是水占的空间，可为空白；1～7 为原矿物组成；12～18 为主要生成产物，其他为少量产物，见表 4-10。

程序中物相 ID 列表 表 4-10

物相名称	ID 值	物相名称	ID 值
POROSITY	0	$CACL_2$	20
C_3S	1	FREIDEL	21
C_2S	2	STRAT	22
C_3A	3	GYPSUMS	23
C_4AF	4	INERTAGG	24
GYPSUM	5	ABSYP	25
HEMIHYD	6	DIFFCSH	26
ANHYDRITE	7	DIFFCH	27
POZZ	8	DIFFGYP	28
INERT	9	$DIFFC_3A$	29
ASG	10	$DIFFC_4A$	30
CAS_2	11	$DIFFFH_3$	31
CH	12	DIFFETTR	32
C-S-H	13	DIFFAS	33
C_3AH_6	14	DIFFHEM	34
ETTR	15	DIFFHEM	35
$ETTRC_4AF$	16	$DIFFCAS_2$	36
AFM	17	$DIFFCACL_2$	37
FH_3	18	EMPTYP	38
POZZCSH	19	—	—

Bogue equations 的具体表达式为：

$$C_3S=4.071C-7.600S-6.718A-1.430F-2.850\overline{S} \tag{4-36}$$

$$C_2S=2.867S-0.7544C_3S \tag{4-37}$$

$$C_3A=2.650A-1.692F \tag{4-38}$$

$$C_4AF=3.043F \tag{4-39}$$

水泥成分组成见表 4-11，矿物质量比计算结果为 C_3S：50.07%；C_2S：23.44%；C_3A：6.77%；C_4AF：10.07%。

水泥成分组成（%） **表 4-11**

组成	SiO_2	CaO	Fe_2O_3	Al_2O_3	MgO	TiO_2	SO_3	K_2O	Na_2O	点火损失
含量	21.35	62.60	3.31	4.67	3.08	0.27	2.25	0.54	0.21	0.95

各相的结果和 Bogue equations 的结果比较见表 4-12，水泥矿物组成中各相密度和焓值见表 4-13。

统计结果对比 **表 4-12**

矿物成分	周长分数(%)	体积分数(%)	Bogue 公式体积分数(%)
C_3S	54.37	58.68	56.36
C_2S	27.89	23.27	25.82
C_3A	7.38	6.87	8.07
C_4AF	10.36	11.18	9.75

水泥矿物组成中各相密度和焓值 **表 4-13**

矿物成分	密度(g/cm^3)	焓值(kJ/kg)
C_3S	3.21	517
C_2S	3.28	262
C_3A	3.03	1144
C_4AF	3.73	725

4.5.2 CEMHYD3D 程序结果和孔隙三维结构实现

(1) CEMHYD3D 程序运行中的时间参数为 0.0003，运行循环次数 300 次，在结果中选择 1500 次和 2700 次运算结果，分别对应水化时间约为 28d 和 90d，统计结果见表 4-14。

28d 和 90d 运行结果统计 **表 4-14**

水灰比	孔隙(%)		氢氧化钙(%)		水化硅酸钙(%)		铁铝相(%)		未水化水泥(%)	
	28d	90d	28d	90d	28d	90d	28d	90d	28d	90d
0.53	32.23	26.95	12.07	13.69	35.8	42.16	10.17	12.30	9.73	4.90
0.35	15.83	13.71	14.44	15.07	41.02	42.57	13.92	15.50	14.79	13.15
0.23	9.49	8.22	12.97	13.28	34.75	35.34	13.83	15.11	28.96	28.05

根据表 4-14 的结果分析，相同的水胶比情况下，水泥浆体中孔隙和未水化水泥随龄期的增长而减少，水化产物氢氧化钙、水化硅酸钙和铁铝相都在增加；水胶比越小，相同龄期情况下孔隙越少，这和压汞实验结果规律一致。

(2) 采用工具 Matlab R2010a 中图形工具箱对 CEMHYD3D 程序运行结果进行三维结构实现，选择 1500 次循环（约 28d）和 2700 次循环（约 90d）结果对比；在得到三维结构图中，白色表示孔隙、浅蓝色表示 C_2S、蓝色表示 C_3S、青蓝色表示 C_3A、绿色表示 C_4AF、黄色表示石膏 GYPSUM、橙色表示 CH、红色表示 C-S-H、暗红色表示其他水化产物。为防止颜色重叠，只画了表层结构图进行对比；图片在灰度模式下可分辨白色表示孔隙。见图 4-24～图 4-26。

图 4-24 水灰比 0.53 的 28d 三维结构图

图 4-25 水灰比 0.35 的 28d 三维结构图

三维结构中立方体的边长为 100μm，根据三维结构图分析，水化前水胶比小的开始放入的水泥多、水少，从蓝绿颜色的比例也显示 0.23 水胶比的原有矿物多；水化过程中，随着水胶比的变小整个三维结构颜色越来越深，也就表示水化产物越来越多；相同水胶比对于不同龄期，原矿物和孔隙随龄期延长越来越少；由于龄期的差别，结构图有变化，但是从相同水胶比来比较差别略小。

（3）将程序运行结果中固体物质不画，只用深色表示孔隙部分，为显示差别，只画三个面表层的孔隙分布，体现水化龄期对孔隙的影响。结果见图 4-27～图 4-29。

图 4-26 水灰比 0.23 的 28d 三维结构图

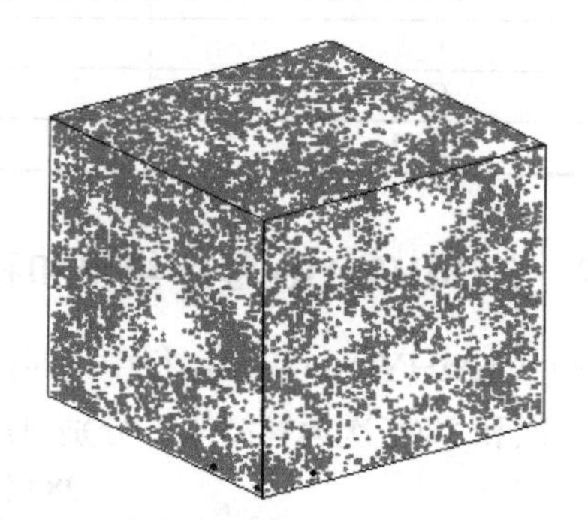

图 4-27 水灰比 0.53 的 28d 三维孔结构图

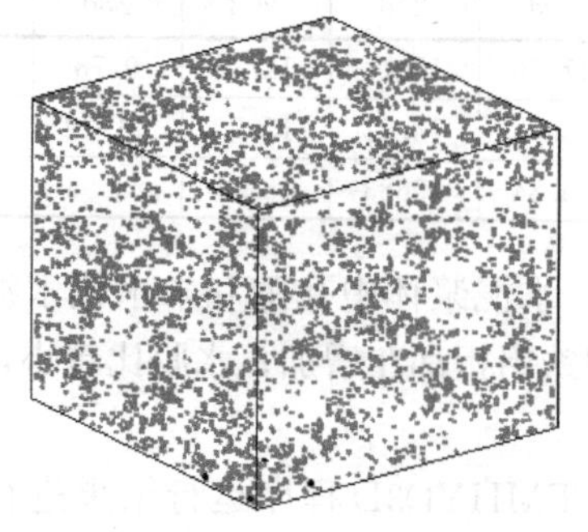

图 4-28 水灰比 0.35 的 28d 三维孔结构图

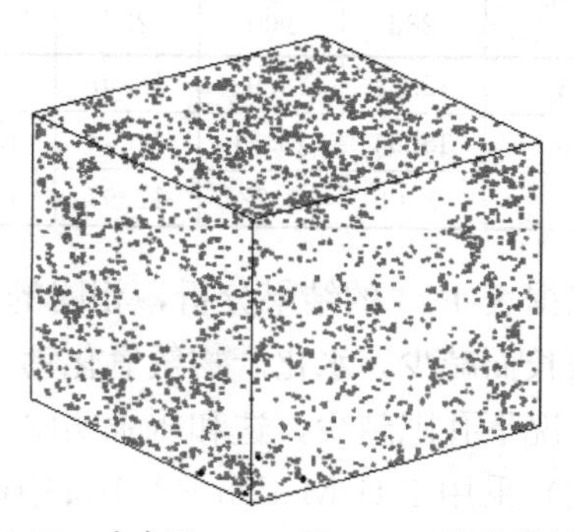

图 4-29 水灰比 0.23 的 28d 三维孔结构图

根据孔的三维结构，随着水胶比的变小，在相同龄期时，孔的变化趋势是变少的；而对于相同的水胶比，孔的数量随龄期增长数量变少。根据程序执行结果中文件名中含 pha 的文件，可以获得不同循环次数下各相物质的统计数量的数据，其中孔的统计结果见表 4-15。

28d 和 90d 孔隙数量 **表 4-15**

W/C	28d 孔隙数量	90d 孔隙数量
0.53	322258	269549
0.35	158341	137129
0.23	94864	82183

（4）孔隙率和压汞实验以及 J-T 模型对比

将 CEMHYD3D 水化程序运行的结果和压汞实验以及 J-T 模型进行对比，统计结果见表 4-16。

孔隙率的比较 **表 4-16**

W/C	方法	28d 孔隙率(%)	90d 孔隙率(%)
0.53	CEMHYD3D 结果	32.23	26.95
	压汞实验结果	33.94	33.20
	J-T 模型结果	24.84	23.22
0.35	CEMHYD3D 结果	15.83	13.71
	压汞实验结果	19.84	16.91
	J-T 模型结果	14.04	11.06
0.23	CEMHYD3D 结果	9.49	8.22
	压汞实验结果	9.81	7.75
	J-T 模型结果	7.82	5.12

根据孔隙率三种研究方法比较，数据的变化趋势基本一致；实验测试结果可能由于制作的均匀性以及实验过程中材料的加工制作，压汞实验结果和 J-T 理论结果、CEMHYD3D 程序结果有较大偏差；水胶比为 0.53 时，CEMHYD3D 程序结果和压汞实验结果比较，平均偏差为 11.9%，和 J-T 模型比较平均偏差 18.4%；水胶比为 0.35 时，CEMHYD3D 程序结果和压汞实验结果比较，平均偏差为 18.3%，和 J-T 模型比较平均偏差 19.5%；水胶比为 0.23 时，CEMHYD3D 程序结果和压汞实验结果比较，平均偏差为 4.7%，和 J-T 模型比较平均偏差 27.6%；对于三个水胶比，CEMHYD3D 程序结果和压汞实验结果比较，总平均偏差为 12.1%；CEMHYD3D 程序结果和 J-T 模型结果比较，总平均偏差为 20.4%；CEMHYD3D 程序结果和压汞实验结果更加接近。三种方法尽管有一定偏差，但是结果基本范围变化不大，依然可以通过对比相互印证，去除实验中的误差离散大的数据或错误数据。

参考文献

[1] P. K. Metha, P. J. M. Monteiro. Concrete: microstructure, properties, and materials [M].

The McGraw-Hill Companies，2014.

[2] H. F. W. Taylor. Cement chemistry [M]. London：Thomas Telford，1997.

[3] 袁润章. 胶凝材料学 [M]. 武汉：武汉工业大学出版社，1996.

[4] Nonat A. The structure and stoichiometry of C-S-H [J]. Cement and Concrete Research，2004，(26)：126-129.

[5] Constantinides G，Ulm F-J. The effect of two types of C-S-H on the elasticity of cement-based materials：Results from nanoindentation and micromechanical modeling [J]. Cement and Concrete Research，2004，34 (1)：67-80.

[6] Groves. G. W. TEM studies of cement hydration [C]. Materials Research Society Symposium Proceedings，1987，85：3-12.

[7] Tennis P D，Jennings H M. A model for two types of calcium silicate hydrate in the microstructure of Portland cement pastes [J]. Cement and Concrete Research，2000，30 (6)：855-863.

[8] Taylor H F W. A method for predicting alkali ion concentration in cement pore solutions [J]. Advanced Cement Research，1987，1 (1)：5-17.

[9] Matsushita T，Hoshino S，Maruyama I，et al. Effect of curing temperature and water to cement ratio on hydration of cement compounds [C]. Proceedings of 12th international congress chemistry of cement，Montreal，2007.

[10] Dale P Bentz. Three-dimensional computer simulation of portland cement hydration and microstructure development [J]. Journal of the American Ceramic Society，1997，80 (1)：3.

[11] Tiewei Zhang，Odd E. G. An electrochemical method for accelerated testing of chloride diffusivity in concrete [J]. Cement and Concrete Research，1994，(24)：1534-1548.

[12] Caré S，Hervé E. Application of a n-Phase Model to the Diffusion Coefficient of Chloride in Mortar [J]. Transport in Porous Media，2004，56 (2)：119-135.

[13] T. C. Powers. The physical structure and engineering properties of concrete [M]. PCA Bulletin，1958，90：1-26.

[14] Tennis P D，Jennings H M. A model for two types of calcium silicate hydrate in the microstructure of Portland cement pastes [J]. Cement and Concrete Research，2000，30 (6)：855-863.

[15] 吴丹琳，王培铭. 水泥水化过程计算机模拟研究-CEMHYD3D系统分析与模拟实现 [J]. 材料导报，2007，04 (4)：100-103.

混凝土中氯离子传输的多尺度模型及数值计算

5.1 多尺度理论与应用

多尺度思想是一门新兴的理论，主要应用于图像处理、数值分析和工程测量等学科，解决了很多复杂的科学计算和工程实际问题。可以分为广义多尺度和狭义多尺度，广义多尺度包括空间尺度、时间尺度和语义尺度；狭义尺度主要为区分目标可识别分辨的最小单元。

材料学中材料结构和性能的关系核心思想就是微观结构决定宏观性能，从微观到宏观就体现了多尺度的思想，也体现了量变到质变的过程。其中水泥基材料复杂多相、多组分、较大时间跨度符合多尺度理论研究的基本情况，可以涵盖其强度、和易性、碳化性能、抗侵蚀性能和传输性能等。研究一般从微观到介观，再到宏观，采用尺寸过渡的思想，对于多组分组成的复合材料通过均匀化理论进行各种性能的传递，前面章节已说明水泥基材料组成结构是利用剥洋葱的方法从宏观到微观，多尺度理论研究材料性能与之相反，并且微观可继续深入到纳米层次。多尺度宏观向微观、分子尺度层层深入描述见图 5-1。

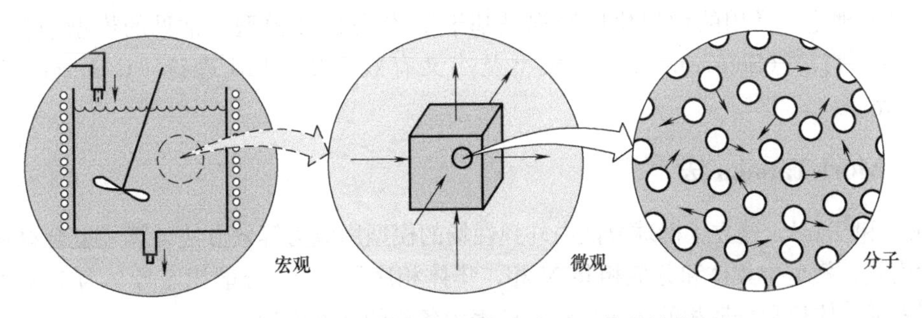

图 5-1 材料分析中的宏观、微观、分子尺度

对于钢筋混凝土建筑物来说，宏观达到钢筋混凝土整体结构，常见结构为框架结构、剪力墙结构、框剪结构、框筒结构、筒中筒等结构；结构下面就是构件，主要有板、梁、柱、筒和剪力墙等；继续细化就是钢筋、混凝土材料，一般认为钢筋为均质的，混凝土材料非常复杂，由砂、石子、硬化水泥浆体和界面过渡区等组成；硬化水泥浆体又由未水化水泥颗粒、水化产物和毛细孔隙组成；水化产物主要可分为 C-S-H 凝胶、CH 晶体、铝酸盐相 AF 等；C-S-H 凝胶继续细化可以分为性质不同的两种类型，即高密度 C-S-H 凝胶和低密度 C-S-H 凝胶。

国内外学者根据多尺度理论从微观到宏观传递的思想研究了水泥基材料的力学性能和耐久性等相关性能。CARÉ 和 HervéE、Bernard 和 Kamali-Bernard S、Constantinides 和 Ulm 、Koichi Maekawa 等采用多尺度分别预测水泥基材料的弹性模量、力学性能和扩散系数等。基于三个尺度划分的水泥基复合材料示意见图 5-2。

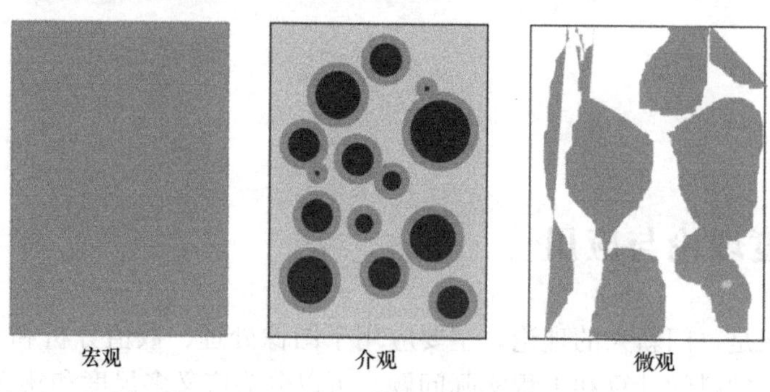

图 5-2　基于三个尺度划分的水泥基复合材料

多尺度研究中选择代表单元由不同性质的多相组成，其组成的性能一般采用研究复合材料常用的方法来研究。复合材料是由几种差异较大的组分和界面相组成，连续的为基体相（matrix phase），掺加在其中的为分散相（disperse phase），组成之间为界面相（interface phase）。研究复合材料性能常用的模型为基体-分散相模型：孤立的、均一的或复合夹杂混合到无限的基体相中；考虑影响因素为基体分散相之间是否作用，是否考虑孔隙及之间的连通情况和是否考虑逾渗（percolation）等现象。

5.2　均匀化理论

多尺度理论中常用的均匀化理论都是基于基体-分散相模型，常见的模型包括 Mori-Tanaka 法、自洽（Self-consistent）模型及广义有效介质 GEM 理论（General effective media）等。

5.2.1　Mori-Tanaka 法

Mori 和 Tanaka 建立了椭球分散内外弹性场的模型用应力等效方法计算了复合材料的等效弹性模量，模型中集体和分散相共 N 相，集体相序号为 0，分散相序号 r 为 1 到 $N-1$，f 分别表示集体相和分散相的体积分数，E 表示各相的弹性模量。

$$E_{\mathrm{eff}}=E_0+\sum_{r-1}^{N-1}f_r\left[f_0E_r+(E_r-E_0)^{-1}\right]^{-1} \tag{5-1}$$

利用上述方法，对于基体中有 $N-1$ 分散相的复合材料有效扩散系数可以进行计算，D 表示基体分散相的扩散系数，$\{T\}$ 表示各分散相的角度平均值。

$$D_{\mathrm{M-T}}^{\mathrm{eff}}=\frac{f_0D_0+\sum_{r=1}^{N-1}f_rD_r\{T_r\}}{f_0+\sum_{r=1}^{N=1}f_r\{T_r\}} \tag{5-2}$$

式中 f_m 和 f_s——分别表示基体相和第 S 类夹杂相的体积分数（%）；

D_m 和 D_s——分别为基体相和夹杂相的扩散系数（m^2/s）；

$\{T_S\}$——第 S 类夹杂相的角度平均值（°）。

5.2.2 自洽模型

Kroner 基于复合材料将所有相看作分散相分散在无限大未知的有效介质中思想，在研究晶体材料的弹性模量时提出自洽（Self-consistent）模型，后来 Self-consistent 模型被 Christensen RM 用作研究复合材料的电传导和扩散等性能。Torquato S 研究复合材料时采用 Self-consistent 理论计算了其在 d 维空间的有效扩散系数，在模型中不区分基体和分散相，认为都是分散在无限大未知的有效介质中，应用在不分主次的多组成形成的复合材料中。

$$\frac{D_{eff}-D_0}{D_{eff}+(d-1)D_0}=\sum_{r=1}^{N-1}f_r\left[\frac{D_r-D_{eff}}{D_r+(d-1)D_{eff}}\right] \tag{5-3}$$

式中 f_r（$r=1, 2, 3, \cdots, N-1$）——分别为各相的体积分数（%）；

D_r（$r=1, 2, 3, \cdots, N-1$）——分别为 $N-1$ 个夹杂物的有效扩散系数（m^2/s）；

D_{eff}——有效扩散系数（m^2/s）；

D_0——基体相扩散系数（m^2/s）；

d——空间维数。

Bary 等将在基体中嵌入分散球体等效为由颗粒及其同心外包裹层组成的复合球，用于预测（$n+1$）层复合材料的有效扩散系数，复合球模型的示意图见图 5-3，此方法称为广义自洽法，其表达式为式（5-4）。

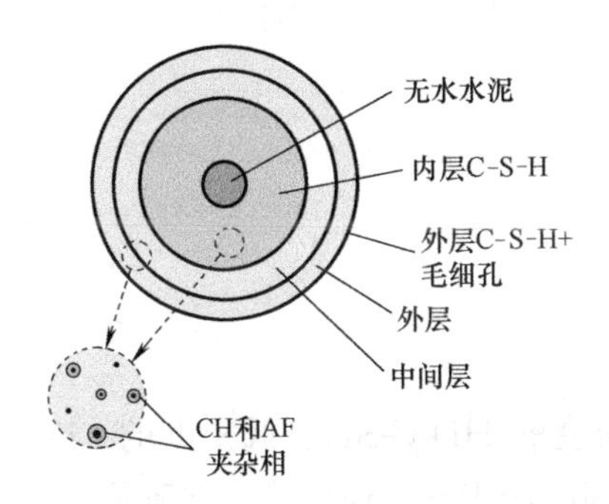

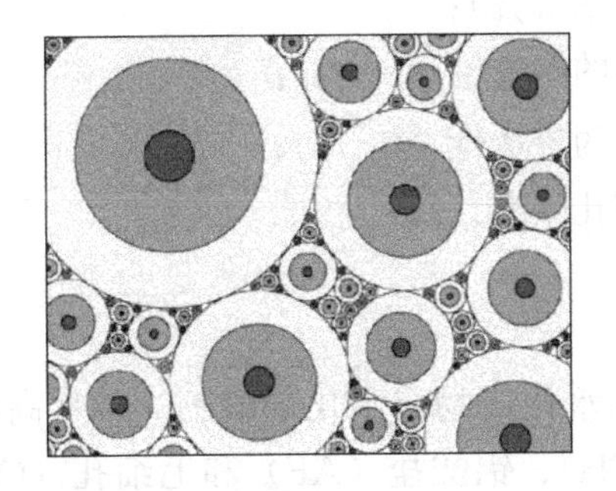

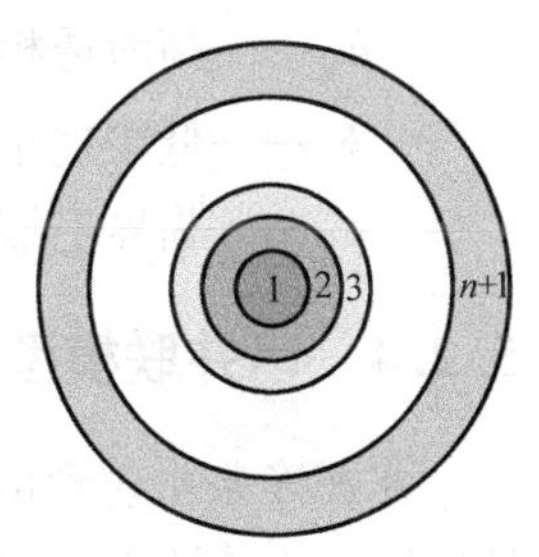

图 5-3 复合球模型

C-S-H 为水化硅酸钙，包括密实的外层和含孔的内层；CH（氢氧化钙）和 AF（铝铁相）为夹杂相。

$$D_{n+1}^{eff}=D_{n+1}+\frac{D_{n+1}\left(1-f_{n+1}/\sum_{i=1}^{n+1}f_i\right)}{\left[D_{n+1}/D_n^{eff}-D_{n+1}\right]+\frac{1}{3}\left(f_{n+1}/\sum_{i=1}^{n+1}f_i\right)} \tag{5-4}$$

式中 D_i——第 i 层的扩散系数（m^2/s）；

f_i——第 i 层的体积分数（%）。

5.2.3 广义有效介质 GEM 理论

McLachlan 等为计算两相复合材料的整体电导率时提出的，后来 Lu Cui 等用来计算水泥的整体渗透性，模型中水泥石被认为是两相复合材料，一个是高渗透相的毛细孔相，一个是低渗透相包含 C-S-H 凝胶、CH 晶体和未水化水泥颗粒，两相的渗透性能和体积分数决定了水泥石的整体渗透性，此模型考虑了孔隙的逾渗现象。见图 5-4。

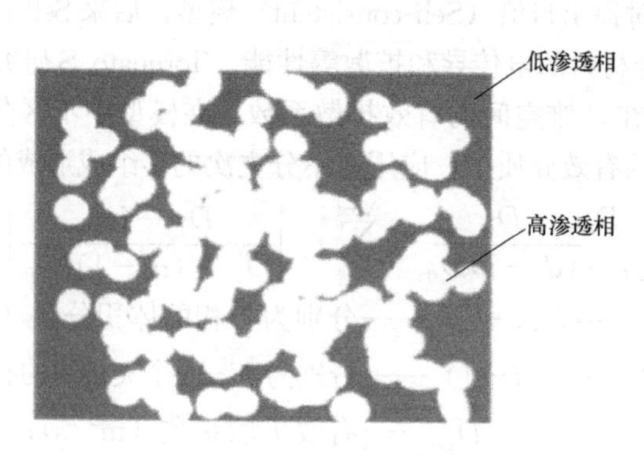

图 5-4　两相复合

$$\frac{(1-\phi)(k_{l}^{1/t}-k^{1/t})}{k_{l}^{1/t}+Ak^{1/t}}+\frac{\phi(k_{h}^{1/t}-k^{1/t})}{k_{h}^{1/t}+Ak^{1/t}}=0 \tag{5-5}$$

式中　$A=\frac{1-\phi_{c}}{\phi_{c}}$，无量纲；

ϕ——毛细孔隙率（%）；

k_{h}——高渗透相的渗透性（m^2/s）；

k_{l}——低渗透相的渗透性（m^2/s）；

ϕ_{c}——临界毛细孔隙率（%）。

5.2.4 串并联模型

水泥净浆中包含的水化产物有水化硅酸钙（包括高密度的 HD C-SH、低密度的 LD C-S-H）、氢氧化钙（CH）、铝酸盐（AF）和毛细孔（Capillary Porosity）等，在不同的水胶比中，对扩散系数起到决定作用的相是不同的。其中对扩散系数起作用的主要包括 HD C-SH、LD C-S-H、毛细孔，毛细孔的自扩散系数是最大的，远大于 HD C-SH 和 LD C-S-H，LD C-S-H 的自扩散系数大于 HD C-S-H；HD C-S-H 非常密实，没有逾渗阈值，LD C-S-H 和毛细孔存在逾渗阈值。水胶比很低的时候，LD C-S-H 和毛细孔的体积分数很少，不存在逾渗现象，可以认为 LD C-S-H 和毛细孔两相作为掺杂存在 HD C-S-H 中，这种情况下，是 HD C-S-H 来控制传输的；当水胶比增大时，LD C-S-H 和毛细孔开始出现逾渗现象直至完全逾渗，这些情况下，传输是由 LD C-S-H 控制的；水胶比继续增大时，毛细孔单独开始逾渗直至完全逾渗，这些情况下，传输是由 HD C-S-H 来控制的。见图 5-5 和图 5-6。

在高水胶比的时候，HD C-S-H 作为并联处理，尽管它的体积分数很低不发生逾渗，

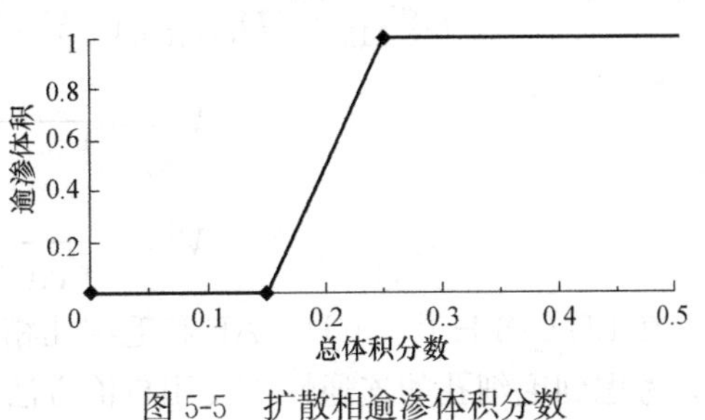

图 5-5 扩散相逾渗体积分数

但是由于它的低体积分数和低的扩散系数，它对传输的贡献在这种情况下是可以忽略的；相反在低的水胶比下，HD C-S-H 是作为串联处理的，LD C-S-H 和毛细孔作为夹杂存在于 HD C-S-H 中的，并由 HD C-S-H 控制传输的，系统可以看作是在低扩散基体中掺杂了少量高扩散性的球形夹杂，可以用一些有效介质近似，包括 Maxwell，自洽方法，微分等效介质理论等方法。这些夹杂的体积分数要求要低于 0.15，这也和逾渗阈值是相对应的。对于那些不扩散的相：未水化水泥颗粒、氢氧化钙、AFm 和 Aft 等，是通过引入曲折因子来加以考虑的。

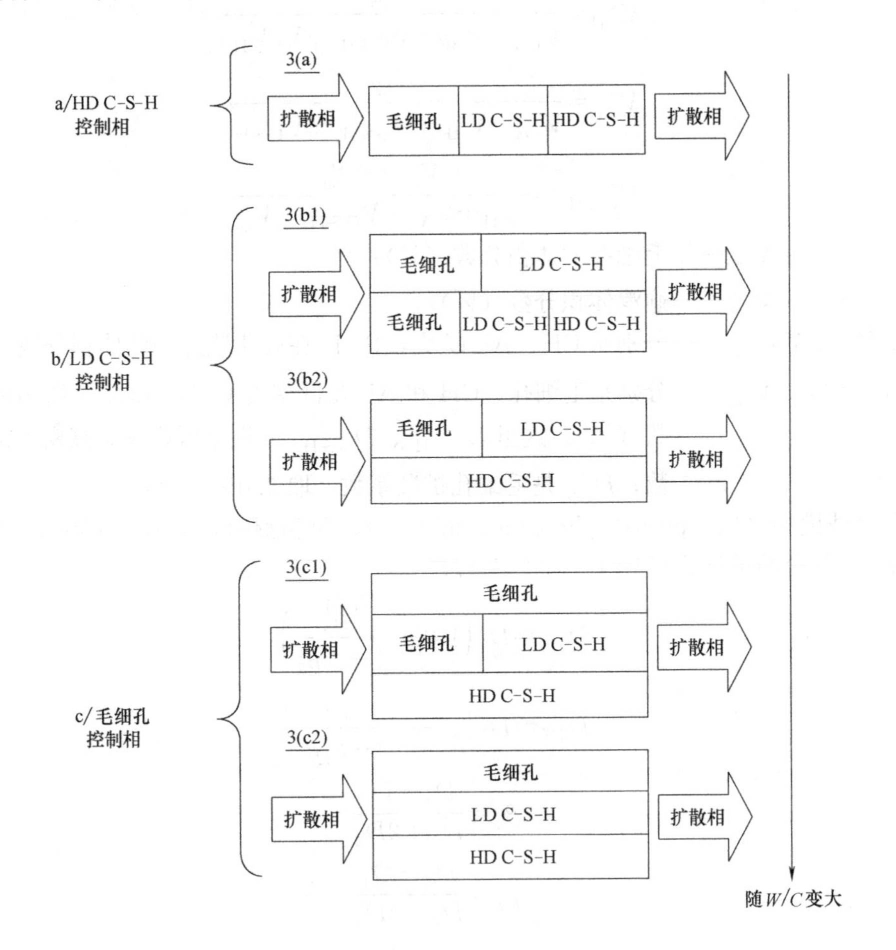

图 5-6 串并联模型

5.2.5 扩散系数计算中均匀化方法应用

在 HD C-S-H 中，AF 和 CH 作为夹杂分布在其中，HD C-S-H 为基体。用 Mori-Tanaka 法，该复合材料的扩散系数为：

$$D_{C\text{-}S\text{-}H_b}^{eff}=2D_{C\text{-}S\text{-}H_b}[1-V_{CH}{}^{b}-V_{AF}{}^{b}][2+V_{CH}^{b}+V_{CH}^{b}]^{-1} \tag{5-6}$$

$$V_{CH}^{b}=\frac{V_{CH}}{V_{CH}+V_{AF}+V_{C\text{-}S\text{-}H_b}} \tag{5-7}$$

$$V_{AF}^{b}=\frac{V_{AF}}{V_{CH}+V_{AF}+V_{C\text{-}S\text{-}H_b}} \tag{5-8}$$

在LD C-S-H中，CH、AF和毛细孔相分布其中，由于低密度凝胶层中毛细孔含量较高，考虑到毛细孔的连通性，使用自洽方法，得到LD C-S-H层的有效扩散系数为：

$$D_{C\text{-}S\text{-}H_a}^{eff}=\frac{1}{4}\left[\alpha+\sqrt{\alpha^{2}+8D_{C\text{-}S\text{-}H_a}D_{cap}\left(1-\frac{3}{2}(V_{CH}^{a}+V_{AF}^{a})\right)}\right] \tag{5-9}$$

$$\alpha=D_{C\text{-}S\text{-}H_a}[2-3(V_{C\text{-}S\text{-}H_a}^{cap}+V_{CH}^{a}+V_{AF}^{a})]+D^{cap}(3V_{C\text{-}S\text{-}H_a}^{cap}-1) \tag{5-10}$$

$$V_{CH}^{a}=\frac{V_{CH}}{V_{CH}+V_{AF}+V_{C\text{-}S\text{-}H_a}+V_{C\text{-}S\text{-}H_a}^{cap}} \tag{5-11}$$

$$V_{AF}^{a}=\frac{V_{AF}}{V_{CH}+V_{AF}+V_{C\text{-}S\text{-}H_a}+V_{C\text{-}S\text{-}H_a}^{cap}} \tag{5-12}$$

$$V_{C\text{-}S\text{-}H_a}^{cap}=\frac{V_{cap}-V_{cap}^{cri}}{V_{CH}+V_{AF}+V_{C\text{-}S\text{-}H_a}+V_{cap}} \tag{5-13}$$

式中 V_{cap}——毛细孔的体积分数（%）；

V_{cap}^{cri}——逾渗体积分数（%）；

V_{CH}、V_{AF}、$V_{C\text{-}S\text{-}H_a}$——分别是CH、AF以及C-S-$H_a$在硬化浆体中的体积分数（%）；

$V_{C\text{-}S\text{-}H_a}^{cap}$、$V_{CH}^{a}$、$V_{AF}^{a}$——分别是毛细孔、CH和AF在低密度C-S-H凝胶中所占的体积分数（%）。这里$D_{C\text{-}S\text{-}H_a}$、$D_{C\text{-}S\text{-}H_b}$分别是低密度和高密度的扩散系数；$D_{cap}$是毛细孔扩散系数，取$2.0\times10^{-9}m^2/s$。

复合球模型（Composite spheres assemblage），两相混合，计算公式中$c_1+c_2=1$，$D_2>D_1$，复合结果见式（5-14）～式（5-17）。

$$D_{HS}^{-}=D_1\left(1+c_2\frac{3\beta_2^1}{1-c_2\beta_2^1}\right) \tag{5-14}$$

$$D_{HS}^{+}=D_2\left(1+c_1\frac{3\beta_1^2}{1-c_1\beta_1^2}\right) \tag{5-15}$$

$$\beta_1^2=\frac{D_1-D_2}{D_1+2D_2} \tag{5-16}$$

$$\beta_2^1=\frac{D_2-D_1}{D_2+2D_1} \tag{5-17}$$

5.3 多尺度计算模型的构建

根据水泥混凝土从宏观结构到微观结构的描述，可以建立氯离子扩散系数从微观结构到宏观结构递进的多尺度预测模型。水泥的宏观性能源自微观结构，从水泥加水开始水化，产生水化产物，结合粗细骨料，到形成宏观结构，根据剥洋葱法分析，反方向在不同尺度选择合理的体积代表单元，结合多尺度和均匀化理论递推宏观性能。

5.3.1 多尺度模型的划分

多尺度模型共划分为四个尺度，每个尺度代表单元体的选择和尺度的递进，见图 5-7。

1. 第一尺度：水化产物尺度

水泥的水化产物包括高密度水化硅酸钙（HD C-S-H）和低密度水化硅酸钙（LD C-S-H）、氢氧化钙（CH）、铝铁相（AF），水化产物内部含有未水化的水泥颗粒（UC，Unhydrated Cement）。

（1）水化硅酸钙可分为 HD C-S-H 和 LD C-S-H，忽略其中的凝胶孔，认为两者为两层物质复合而成，内层为 HD C-S-H，外侧为 LD C-S-H，简化模型如图 5-8 所示。

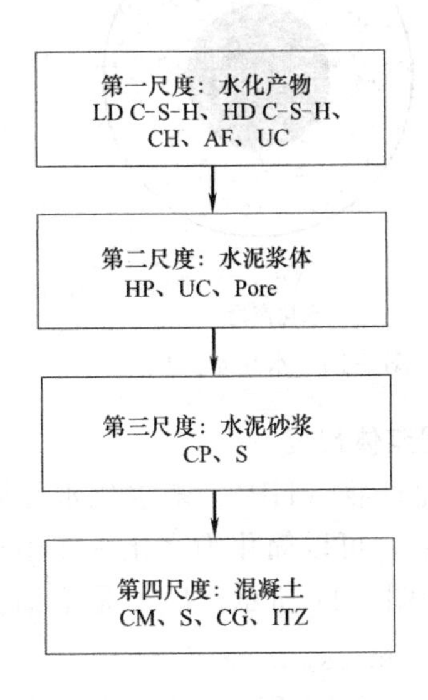

图 5-7 多尺度模型

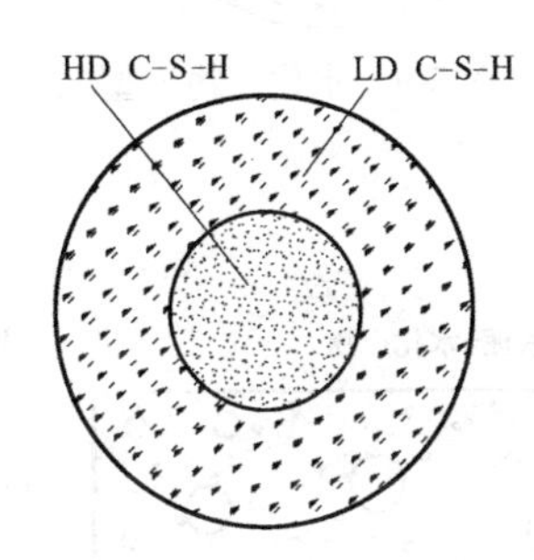

图 5-8 水化硅酸钙模型

模型的有效扩散系数可以采用广义自洽理论计算，见式（5-18），Garboczi 的数值模拟采用高密度的 C-S-H，其扩散系数为 $D_{\text{HD C-S-H}}=8.3\times10^{-13}\text{m}^2/\text{s}$，而低密度的为 $D_{\text{LD C-S-H}}=3.4\times10^{-12}\ \text{m}^2/\text{s}$。

$$D_{n+1}=d_{n+1}+(1-\xi_{n+1})\left[(D_n-d_{n+1})^{-1}+\frac{\xi_{n+1}}{3d_{n+1}}\right]^{-1} \tag{5-18}$$

式中 $\xi_{n+1}=\phi_{n+1}(\sum_{j=1}^{n+1}\phi_{n+1})^{-1}$；

d_n——第 n 层的自扩散系数；

D_n——前 n 层材料复合后有效扩散系数；

ϕ——体积分数。

（2）水化产物除了有水化硅酸钙外还有铝铁相和氢氧化钙，可以简化认为 AF 和 CH 相掺杂在水化硅酸钙中，简化模型如图 5-9 所示。

模型的有效扩散系数可以采用 Mori-Tanaka 均匀化理论，适合在扩散基体中含有非扩散性质的分散相。

$$D=2d_{\mathrm{CSH}}(1-\phi_{\mathrm{CH+AF}})(2+\phi_{\mathrm{CH+AF}})^{-1} \tag{5-19}$$

式中 $\phi_{\mathrm{CH+AF}}=\dfrac{V_{\mathrm{CH+AF}}}{V_{\mathrm{CH+AF}}+V_{\mathrm{CSH}}}$（%）；

V——体积（cm^3）。

（3）水化过程中，水泥颗粒水化从表面开始，慢慢到内部，内部会存在未水化水泥颗粒，可以简化为外部水化产物，内部未水化水泥，简化模型如图 5-10 所示。模型的有效扩散系数可以采用广义自洽理论计算，见式（5-18）。

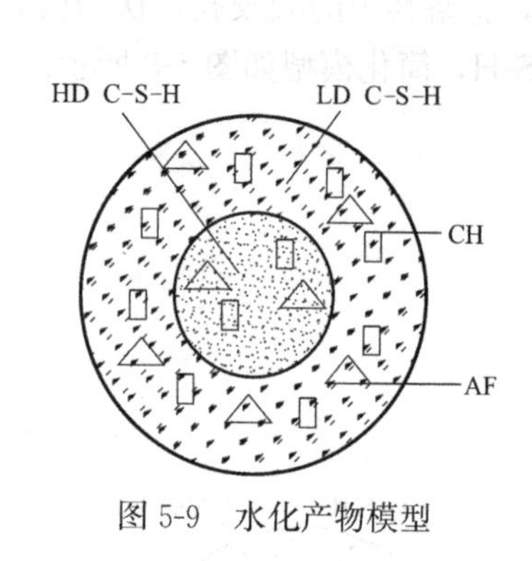

图 5-9 水化产物模型

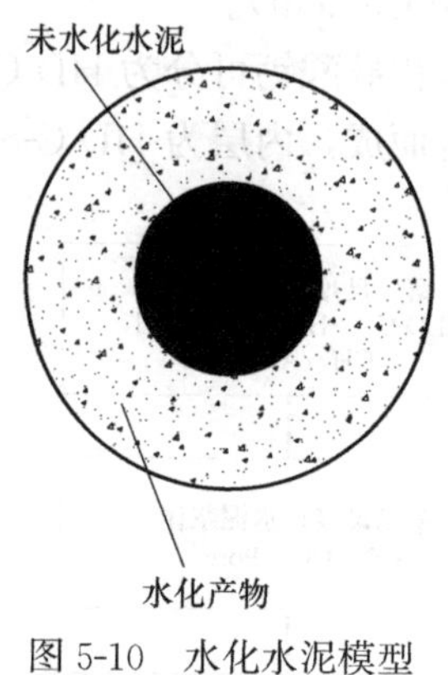

图 5-10 水化水泥模型

2. 第二尺度：水泥浆体尺度

水泥浆体包括水化产物（HP）、未水化水泥颗粒（UC）和毛细孔（Pore），可以简化为水化水泥中掺杂了毛细孔，简化模型如图 5-11 所示。D_{cap} 是毛细孔自扩散系数，取 $2.0\times10^{-9}\mathrm{m}^2/\mathrm{s}$。

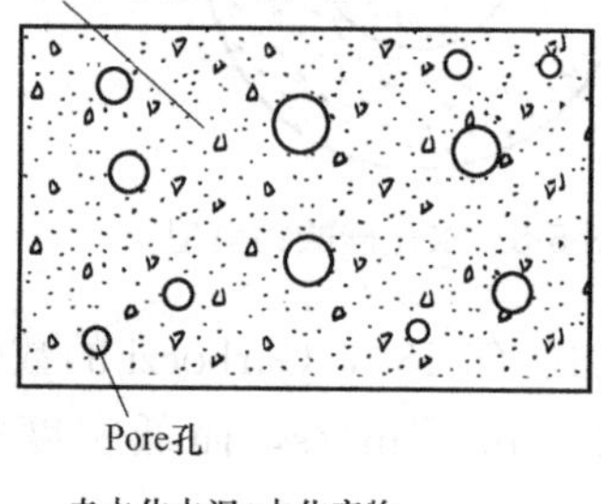

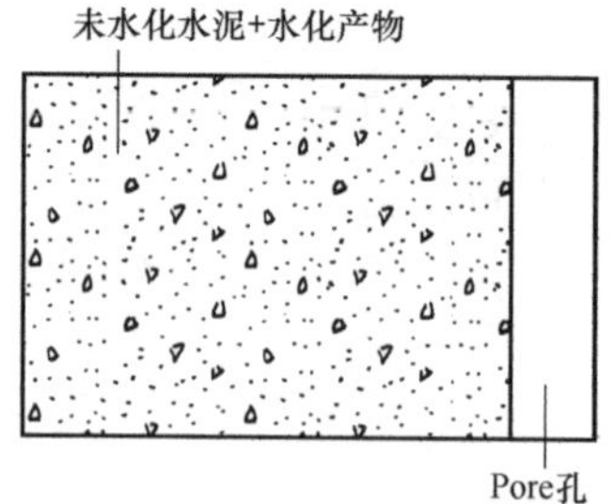

图 5-11 水泥浆体模型

模型的有效扩散系数可以采用两相复合的串并联模型处理，并考虑毛细孔的逾渗效应。在各相同性的两相系统中，含有不同自扩散系数的两相，相 1 为基体，体积分数为 ϕ_1，自扩散系数为 D_{sd1}；相 2 为夹杂，体积分数为 ϕ_2，自扩散系数为 D_{sd2}，且 $D_{\mathrm{sd2}}>D_{\mathrm{sd1}}$；其中相 2 存在逾渗阈值；$D_{\mathrm{e}}$ 为复合相的有效扩散系数。当相 2 逾渗系数为 y 时，$y\phi_2$ 与不逾渗相和 ϕ_1 组成的复合相并联，$(1-y)\phi_2$ 相和 ϕ_1 是作为串联来处理的，这样处理的目的是传输的行为由系统中最大扩散相 2 来控制的，而在不逾渗的相和弱扩散相串联处理过程中，这个复合相中是由弱扩散相 1 控制的；当相 2 完全发生逾渗，则相 2 和相 1 为纯并联情况，扩散由相 2 控制。逾渗效应处理见图 5-12。

这种假设是把三维的东西简化成二维来处理，这样三维中的一些空间几何性质被简化丧失了，为了修正这个缺点，各相的曲折因子作为修正参数被引入。

两相中相 2 完全逾渗的时候，两相为并联，引入的曲折因子为 $T_1(\phi_1)$ 和 $T_2(\phi_2)$。

假设材料由完全不扩散基体相和扩散分散相组成，由于基体相是不扩散的，扩散介质必须通过分散相形成连通途径进行扩散，曲折因子为扩散介质在材料中形成扩散通路的难易程度或通路的长短程度，见图 5-13。

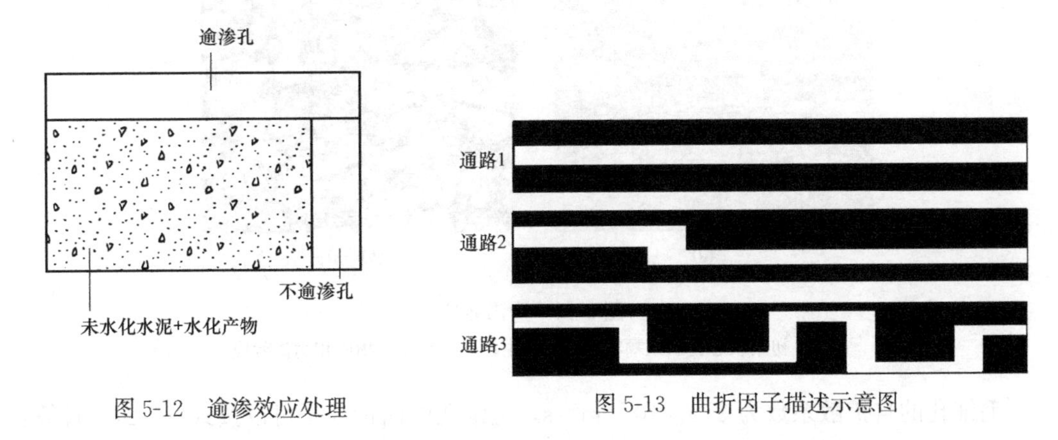

图 5-12 逾渗效应处理

图 5-13 曲折因子描述示意图

曲折因子主要影响因素包括复合体的有效扩散系数、扩散相的自扩散系数和体积分数等，假设复合体的有效扩散系数为 D_e，基体相和分散相的自扩散系数分别为 d_{sd1} 和 d_{sd1}，基体相和分散相的体积分数分别为 ϕ_1 和 ϕ_2，他们之间的关系表示为式（5-20）、式（5-21）：

$$\frac{D_e}{d_{sd1}}=\frac{\phi_1}{T_1(\phi_1)} \tag{5-20}$$

$$\frac{D_e}{d_{sd2}}=\frac{\phi_2}{T_2(\phi_2)} \tag{5-21}$$

多元复合体系中，存在扩散相和非扩散相，各相在体系中为随机分布，当介质要通过体系时，必须存在扩散相相连的通道，当扩散相的体积分数较小时，扩散相无法形成通道，介质也无法完全通过体系。以两相复合材料为例，一相不扩散另一相扩散，随着扩散相的体积分数增加达到一定数量时，介质在体系中的扩散发生突变，这种由于结构改变发生的物理或化学性质的突变为逾渗效应，发生突变效应时的扩散相的临界体积分数为逾渗阈值，扩散相体积分数超过该阈值，扩散相会在体系中形成扩散的通道，在结构中体现出量变到质变的过程。下面以水泥水化为例，初始状态水泥和水，水泥颗粒之间是分离的，随着水泥的水化进行，水泥水化产物之间聚集重叠，之间的孔隙或空隙越来越少，超过一定水化产物数量，固体相会形成通路，见图 5-14。

相 2 完全逾渗，则相 1 和相 2 并联，有效扩散系数按式（5-22）计算：

$$D_e=D_{e1}+D_{e2}=\left[\phi_1 D_{sd1}\frac{1}{T_1(\phi_1)}\right]+\left[\phi_2 D_{sd2}\frac{1}{T_2(\phi_2)}\right] \tag{5-22}$$

相 2 中有部分 yQ_2 逾渗，则 yQ_2 和 $(1-y)Q_2$ 与 Q_1 的串联相并联，则

$$D_e=\left[y\phi_2 D_{sd2}\frac{1}{T_2(\phi_2)}\right]+[(1-y)\phi_2+\phi_1]\left\{\frac{(1-y)\phi_2+\phi_1}{\frac{(1-y)\phi_2}{D_{sd2}}+\frac{\phi_1}{D_{sd1}}}\right\}\left\{\frac{1}{T_1[\phi_1+(1-y)\phi_2]}\right\} \tag{5-23}$$

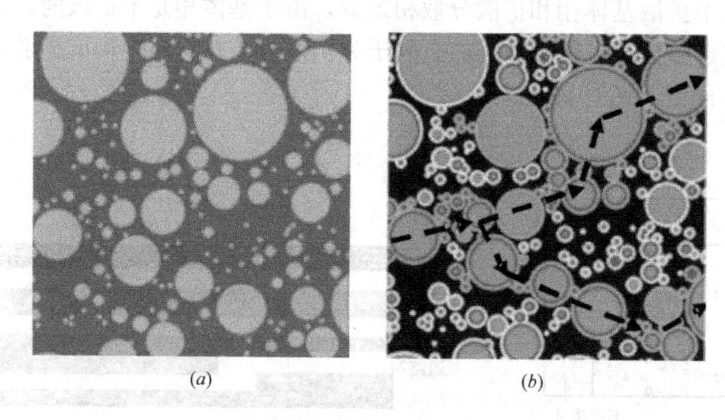

图 5-14 逾渗效应

（a）初始状态：水泥颗粒分散在水中；（b）水化产物固相逾渗效应

毛细孔的自扩散系数为 $2.0\times10^{-9}m^2/s$，毛细孔的曲折因子可以按式（5-24）计算：

$$\frac{1}{T_{CP}(\phi)}=0.0067\exp(5.0\phi) \tag{5-24}$$

根据研究得出 LD C-S-H 和 HD C-S-H 的曲折因子接近于 1，可认为基体曲折因子为 1。

具体模型如图 5-15 所示。当水胶比较小时，毛细孔未发生逾渗，HP＋UC 和 Pore 为串联模型，见图 5-15（a）；随着水胶比的增加，毛细孔部分发生逾渗，未逾渗部分和 HP＋UC 为串联模型，和发生逾渗的毛细孔为并联，见图 5-15（b）；水胶比继续增大，毛细孔完全发生逾渗，HP＋UC 和 Pore 为并联模型，见图 5-15（c）。

3. 第三尺度：水泥砂浆尺度

水泥砂浆包括水泥浆体（CP）和细骨料砂子（S）。可以简化为在水泥浆体中掺杂了细骨料砂子。该简化模型忽略了砂子掺杂后的界面效应，具体计算方法参照 Mori-Tanaka 均匀化理论，类似图 5-9 模型。

4. 第四尺度：混凝土尺度

混凝土包括水泥砂浆（CM）、界面过渡区（ITZ）和粗骨料石子（CG）。粗集料表面的界面过渡区可以简化为外部是界面、内部是石子的模型，然后夹杂在水泥砂浆体系中。粗骨料和界面过渡区模型见图 5-16。

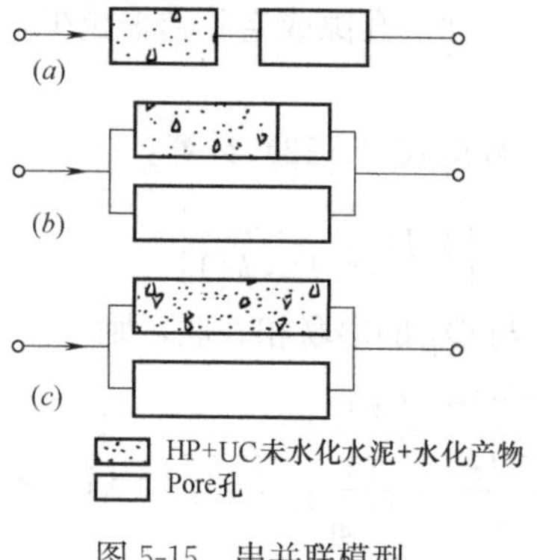

图 5-15 串并联模型

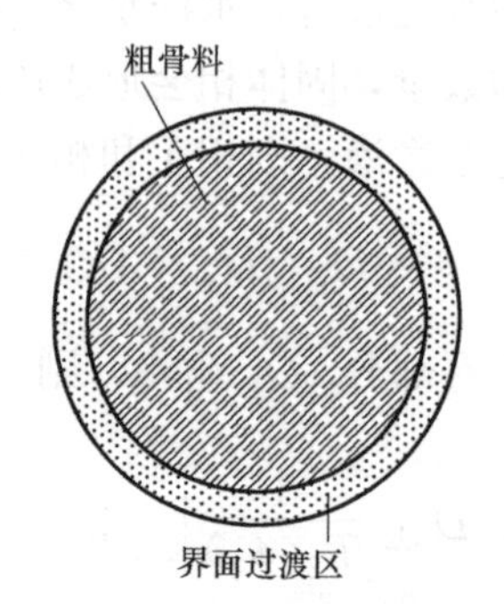

图 5-16 粗骨料和界面过渡区模型

粗骨料和界面过渡区模型有效扩散系数参照广义自洽理论计算，类似图 5-16 模型；粗骨料和界面过渡区的复合模型夹杂在水泥砂浆中，可以简化为串联模型进行计算，类似图 5-15 模型。

5.3.2 模型中一些参数的确定

1. 界面过渡区厚度的计算

Zheng 等根据数值模拟的结果，通过数学回归的方法，初始状态混凝土中的水泥体积密度为 $D(x)$：

$$D(x)=D_c,x\geqslant t_{ITZ} \tag{5-25}$$

$$D(x)=D_c(x/t_{ITZ})^{[1-\lambda(x/t_{ITZ})^k]},x\leqslant t_{ITZ} \tag{5-26}$$

式中 x——界面内到骨料表面的距离（μm）；

t_{ITZ}——界面过渡区的厚度（μm）；

λ 和 k——密切相关的系数；

D_c——浆体基体水泥的体积密度（kg/m^3），它和水胶比 W/C 及水泥最大颗粒直径 D_{cem} 的关系为式（5-27）。

$$D_c=\frac{1}{1+3.15W/C}[(1.0482\times10^{-5}D_{cem}^2+3.2364\times10^{-4}D_{cem}+0.01406)W/C -1.79\times10^{-7}D_{cem}^2+5.0429\times10^{-5}D_{cem}+1.00564] \tag{5-27}$$

界面过渡区厚度和水胶比 W/C 及水泥最大颗粒直径 D_{cem} 的关系为：

$$t_{ITZ}=(-6.25W/C+58.25)(D_{cem}/60)^{[1-(D_{cem}/60)^{2.5}]},0\leqslant D_{cem}\leqslant60\mu m \tag{5-28}$$

$$t_{ITZ}=-6.25W/C+58.25,D_{cem}\geqslant60\mu m \tag{5-29}$$

Zheng 的数据回归结果为 $\lambda=1.08$，则 k 值可以用式（5-30）进行确定：

$$\int_0^{t_{ITZ}}(x/t_{ITZ})^{[1-\lambda(x/t_{ITZ})^k]}dx=\left[\frac{125}{1+3.15W/C}-(125-t_{ITZ})D_c\right]/D_c \tag{5-30}$$

界面过渡区的平均孔隙率为：

$$\bar{\phi}_{ITZ}=\frac{t_{ITZ}D_c-(1-\phi_{bulk})\left[\frac{125}{1+3.15W/C}-(125-t_{ITZ})D_c\right]}{t_{ITZ}D_c} \tag{5-31}$$

2. 考虑重叠的界面过渡区体积分数计算

Lu 和 Torquato 提出一种方法来计算不同尺寸球形颗粒堆积的体积分数；Garboczi 和 Bentz 将该统计方法应用于混凝土，用来计算骨料和水泥浆体之间的界面过渡区的体积分数，示意图见图 5-17。

计算中假定界面过渡区厚度是均匀的，厚度和骨料无关，只和水泥最大颗粒直径有关。界面区的体积分数为 V_{ITZ}，具体计算式见下式：

$$V_{ITZ}=1-V_a-(1-V_a)\exp[-\pi N_V(ct_{ITZ}+dt_{ITZ}^2+gt_{ITZ}^3)] \tag{5-32}$$

$$c=\frac{4\langle D^2\rangle}{1-V_a} \tag{5-33}$$

$$d=\frac{4\langle D^2\rangle}{1-V_a}+\frac{8\pi N_V\langle D^2\rangle^2}{(1-V_a)^2} \tag{5-34}$$

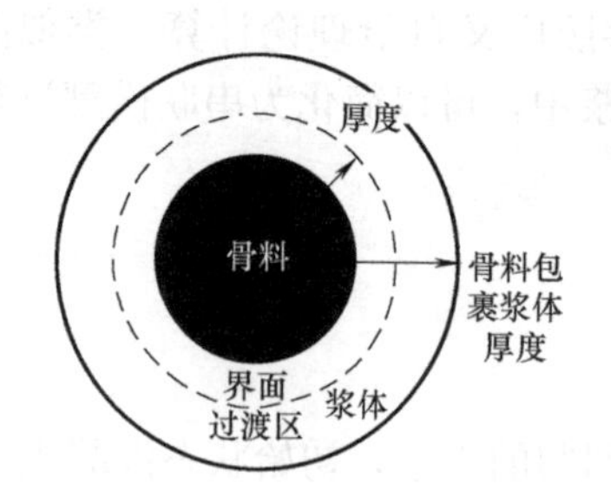

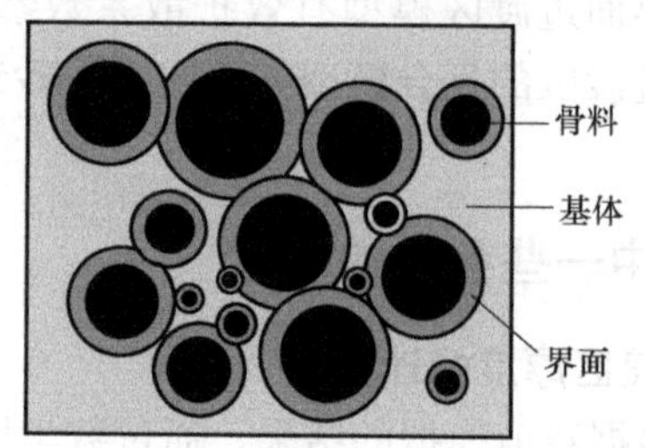

图 5-17　混凝土界面过渡区示意图

$$g=\frac{4\langle D\rangle}{3(1-V_a)}+\frac{16\pi N_V\langle D^2\rangle^2\langle D\rangle}{3(1-V_a)^2}+\frac{64A\pi^2N_V^2\langle D^2\rangle^3}{27(1-V_a)^3} \tag{5-35}$$

式中　V_a——骨料的体积分数（%）；

N_V——单位体积混凝土中骨料的数量（m^3）；

A——可以取值 0、2、3，但对结果影响不大，为方便计算取值为 0；

D——骨料直径（mm），$\langle D\rangle$表示平均直径，$\langle D^2\rangle$表示直径平方和的平均值，采用筛分实验采用式（5-36）、式（5-37）计算。

$$\langle D\rangle=\sum_{i=1}^{M}\frac{18V_aC_i(D_{i+1}-D_i)}{\pi N_V(D_{i+1}^3-D_i^3)} \tag{5-36}$$

$$\langle D^2\rangle=\sum_{i=1}^{M}\frac{9V_aC_i(D_{i+1}^2-D_i^2)}{\pi N_V(D_{i+1}^3-D_i^3)} \tag{5-37}$$

式中　C_i——筛分实验中，每级骨料的体积分数（%）；

D_i——每级的平均直径（mm）。

3. 不考虑重叠的界面过渡区体积分数计算

孙国文根据 Lu、Garboczi 等理论不考虑界面区之间的重叠程度，根据实际骨料粒径分布的筛分曲线，定量计算水泥基复合材料 ITZ 的体积分数，当骨料的体积分数 $V_a<50\%$，且界面厚度 $t_{ITZ}<30\mu m$ 时，可以采用近似方法来计算界面体积具体计算公式，详见下述，计算结果见表 5-1～表 5-3。

如果骨料的级配分为 M 级，第 i 级的平均直径是 D_i（$i=1$，2，…，M），其对应的体积分数是 C_i，那么在第 i 级上骨料的表面积为式（5-38）：

$$S_a(i)=\frac{6C_i}{D_i} \tag{5-38}$$

用 V_a 表示单位体积混凝土中骨料的体积分数，整个 M 级骨料总的表面积可以写成式（5-39）：

$$S_a=V_a\sum_{i=1}^{M}S_a(i) \tag{5-39}$$

假定每个骨料界面厚度相同，用 t_{ITZ} 表示，由式（5-22）知，界面过渡区的体积分数可表达为式（5-40）：

$$V_{ITZ}\approx t_{ITZ}S_a=t_{ITZ}V_a\sum_{i=1}^{M}\frac{6C_i}{D_i} \tag{5-40}$$

砂和石子的筛分结果 **表 5-1**

材料	筛孔大小(mm)	通过筛的质量百分数(%)	筛孔有效直径(mm)	筛余量(%)
砂子	9.5	100	7.12	1
	4.75	99	4.38	1.5
	4	97.5	3.68	1.8
	3.35	95.7	2.86	5.7
	2.36	90	2.18	2.5
	2	87.5	1.85	3
	1.7	84.5	1.35	9.8
	1	74.7	0.8	16.2
	0.6	58.4	0.46	24.4
	0.32	34	0.22	29.2
	0.12	4.78	0.097	1.29
	0.074	3.49	0.037	3.49
石子	12.5	100	11	3.8
	9.5	96.2	7.14	61.1
	4.75	35.1	4.05	21.7
	3.35	13.4	2.86	9.22
	2.36	4.18	2.18	0.78
	2	3.4	1.85	0.48
	1.7	2.92	0.85	2.92

砂浆以及混凝土质量配合比 **表 5-2**

编号	水	水泥	砂子	石子
1m	0.53	1	1	—
2m	0.53	1	2	—
3m	0.53	1	3	—
4m	0.35	1	1	—
5m	0.35	1	2	—
6m	0.35	1	3	—
7m	0.23	1	1	—
8m	0.23	1	2	—
9m	0.23	1	3	—
10c	0.53	1	2	3
11c	0.35	1	1.5	2.5
12c	0.23	1	1.2	1.8

注：表中 m 表示砂浆；c 表示混凝土。

根据表 5-3 计算结果，可知道是否考虑界面重叠，计算结果有差异，特别是骨料的体积分数较大，小骨料大多填充于大骨料中，导致界面过渡区的重叠程度较大，两种计算方法误差较大；当骨料的体积分数 V_a＜50%，界面厚度 t_{ITZ}＜30um 时可以采用不考虑界面重叠方法代替界面重叠方法计算界面体积。

界面过渡区体积分数计算结果 **表 5-3**

编号	浆体体积（%）	骨料体积（%）	考虑界面重叠 V_{ITZ}(%)			不考虑界面重叠 V_{ITZ}(%)		
			$t=10\mu m$	$t=30\mu m$	$t=50\mu m$	$t=10\mu m$	$t=30\mu m$	$t=50\mu m$
1m	69.38	30.62	5.44	18.39	32.04	6.00	18.00	30.00
2m	53.12	46.88	8.23	25.71	39.57	9.19	27.56	45.94
3m	43.03	56.97	9.86	28.14	38.45	11.17	33.50	55.83
4m	64.06	35.94	6.37	21.10	35.56	7.04	21.13	35.22
5m	47.12	52.88	9.21	27.44	39.52	10.36	31.09	51.82
6m	37.27	62.73	10.70	28.26	35.50	12.30	36.89	61.48
7m	59.34	40.66	7.18	23.27	37.87	7.97	23.91	39.85
8m	42.19	57.81	10.0	28.22	38.12	11.33	34.00	56.66
9m	32.73	67.27	11.30	27.44	32.11	13.19	39.56	65.93
10c	30.85	69.15	2.55	9.06	15.97	4.23	12.70	21.18
11c	30.47	69.53	3.19	11.23	19.06	4.26	12.78	21.30
12c	32.38	67.62	2.44	8.73	15.62	4.14	12.43	20.72

4. 界面过渡区的扩散系数的计算

界面过渡区和水泥浆体基体存在差异，界面过渡区水胶比相对较高，孔隙率大于水泥浆体基体，在微观结构上界面过渡区氢氧化钙富集并存在取向倾向，其扩散系数和水泥浆体基体也差别较大。

Zheng 等基于 Garboczi 计算机模拟和实验结果，提出界面层上水泥颗粒的分布特性，进行如下方法预测，界面过渡区有效扩散系数 D_{ITZ} 用式（5-41）计算。

$$D_{ITZ}=D_0[0.001+0.07\varphi_{ITZ}^2+1.8\times H(\varphi_{ITZ}-\varphi_{cri})\times(\varphi_{ITZ}-\varphi_{cri})^2] \quad (5\text{-}41)$$

式中 H 函数为 Heaviside 函数，简化为 $H(x)$（当 $x<0$ 时，$y=0$；当 $x>0$ 时，$y=1$；当 $x=0$ 时，$y=0.5$）；界面过渡区的临界孔隙率为 0.18；D_0 为离子在自由水中的扩散系数，在 25℃时为 $2.032\times10^{-9}m^2/s$；φ_{ITZ} 为界面过渡区的孔隙率，假设界面过渡区为均匀的，其孔隙率取其平均值，计算如下：

$$\varphi_{ITZ}=\frac{\int_0^{t_{ITZ}}\varphi(x)dx}{t_{ITZ}} \quad (5\text{-}42)$$

t_{ITZ} 为界面过渡区的厚度。Zheng 等利用计算机模拟方法，给出了界面上的点水泥体积分数的密度函数为：

$$D(x,t_{ITZ})=D_c\left(\frac{x}{t_{ITZ}}\right)^{\left[1-\lambda\left(\frac{x}{t_{ITZ}}\right)^k\right]},(0\leqslant x\leqslant t_{ITZ}) \quad (5\text{-}43)$$

式中 x 表示界面上点到骨料表面的距离；D_c 表示水泥石基体水泥体积分布密度，主要受水胶比（W/C）和最大水泥颗粒直径（D_{cem}）影响，计算见式（5-44）：

$$D_C=\frac{1}{1+3.15W/C}\left[(1.0482\times10^{-5}D_{cem}^2+3.246\times10^{-4}D_{cem}+0.0146)\frac{W}{C}-1.79\times10^{-7}D_{cem}^2+5.0429\times10^{-5}D_{cem}+1.00564\right] \tag{5-44}$$

根据分布函数（5-44），界面过渡区孔隙率分布函数表示为：

$$\varphi(x)=1-(1-V_{cap})\left(\frac{x}{t}\right)^{\left[1-\lambda\left(\frac{x}{t}\right)^k\right]},0\leqslant x\leqslant t_{ITZ}\text{ or }\varphi(x)=V_{cap},x\geqslant t_{ITZ} \tag{5-45}$$

式中 $\lambda=1.08$；φ_{cap} 为基体的毛细孔隙率；$\varphi_{cap}=1-\dfrac{1+1.31\alpha}{1+3.2W/C}$。

k 为常数，随水胶比和水泥最大粒径的变化而变化，根据式（5-46）确定。

$$\frac{125}{1+3.15W/C}=(125-t_{ITZ})D_c+\int_0^{t_{ITZ}}D_c(x,t_{ITZ})\mathrm{d}x \tag{5-46}$$

界面过渡区相关参数计算结果见表 5-4。

界面过渡区孔隙率、扩散系数和水胶比的关系 **表 5-4**

W/C	B	ITZ	ITZ/B	D_B/D_0	D_{ITZ}/D_0	D_{ITZ}/D_B
0.20	0.017	0.106	6.281	0.001	0.002	1.753
0.25	0.048	0.148	3.090	0.001	0.003	2.178
0.30	0.081	0.191	2.346	0.001	0.004	2.560
0.35	0.116	0.233	2.018	0.002	0.010	5.112
0.40	0.150	0.275	1.833	0.003	0.022	8.701
0.45	0.183	0.314	1.715	0.003	0.040	11.996
0.50	0.216	0.352	1.633	0.007	0.063	9.619
0.55	0.247	0.388	1.572	0.013	0.090	6.721
0.60	0.277	0.422	1.526	0.023	0.119	5.138
0.65	0.305	0.454	1.489	0.036	0.151	4.234
0.70	0.332	0.484	1.459	0.050	0.184	3.669

注：表中 B 表示砂浆的基体；ITZ 表示界面过渡区。

5.4 多尺度模型计算和实验结果比较

实验选用的材料利用 J-T 模型计算硬化水泥浆体 28d 和 90d 的水化产物、孔隙和未水化水泥的体积分数。计算的体积分数带入模型预测硬化水泥浆体、砂浆和混凝土的氯离子扩散系数理论数值。电加速实验获得的硬化水泥浆体、砂浆和混凝土的氯离子扩散系数实验数值的结果和模型理论数值比较见图 5-18～图 5-20。在理论模型中，主要的输入参数为水化微结构中各种水化产物、孔隙和为水化水泥颗粒内核的体积分数，各组成相的不同数量和本身不同性质对硬化水泥浆体氯离子扩散系数影响印证了微观结构是材料宏观性能基础影响因素的本质。在模型中 HD C-S-H、LD C-S-H 的复合层组合，以及 AF 未水化水泥颗粒相等组合对照目前的水泥水化理论基本合理，加入孔隙后就孔隙多少是否形成通路的逾渗现象采用电路串并联模式处理。考虑材料三维结构中孔隙的逾渗现象和渗透通路的曲折性，模型中增加了逾渗体积阈值和渗透通路的曲折因子进行修正模型；砂浆和混凝土中加入骨料非渗透性相，考虑了界面过渡区的不同体积分数对结果的不同影响。在实验中选择了低中高水胶比 0.23、0.35、0.53 对应工程中常用的低中高强度和混凝土中常用的水胶比，各组成相的数量和孔隙差异较大来验证模型的普适性。

多尺度模型中第二尺度为水泥浆体，第三尺度为砂浆，第四尺度为混凝土，实验结果和模拟结果进行对比验证模型的合理性和准确性；模型对各尺度选择体积代表单元基本符合水泥水化的过程变化，具体选择的均匀化理论是否合理准确采用实验进行验证，具体对比结果见图 5-18～图 5-20。

表 5-5 中 Cap 表示毛细孔，U_C 表示未水化水泥，Hyd 表示总水化产物。

水化产物体积分数(J-T model) **表 5-5**

W/C	t(d)	HD C-S-H(%)	LD C-S-H(%)	AFm(%)	CAFH(%)	CH(%)	Cap(%)	U_C(%)	Hyd(%)
0.23	28	27.64	9.40	9.52	5.41	10.58	7.82	29.63	62.55
	90	30.23	9.08	10.31	6.12	11.33	5.12	27.81	67.07
0.35	28	21.95	16.17	10.53	8.03	10.40	14.04	18.88	67.08
	90	26.42	17.39	10.81	7.37	11.63	11.66	14.72	73.62
0.53	28	8.67	32.00	10.18	7.89	10.80	24.84	5.62	69.54
	90	8.69	33.79	10.54	8.41	11.16	23.22	4.19	72.59

根据上述的多尺度模型进行计算，得出各个尺度氯离子扩散系数，具体结果见表 5-6。

扩散系数多尺度计算结果 **表 5-6**

编号		第一尺度(m^2/s)	第二尺度(m^2/s)	第三尺度(m^2/s)	第四尺度(m^2/s)
0.23	28d	3.89×10^{-13}	1.92×10^{-12}	7.62×10^{-13}	3.44×10^{-13}
	90d	3.90×10^{-13}	1.26×10^{-12}	5.02×10^{-13}	2.24×10^{-13}
0.35	28d	5.73×10^{-13}	4.29×10^{-12}	1.72×10^{-12}	7.00×10^{-13}
	90d	6.39×10^{-13}	3.36×10^{-12}	1.35×10^{-12}	5.29×10^{-13}
0.53	28d	1.17×10^{-12}	1.24×10^{-11}	4.96×10^{-12}	2.41×10^{-12}
	90d	1.22×10^{-12}	1.08×10^{-11}	4.35×10^{-12}	2.00×10^{-12}

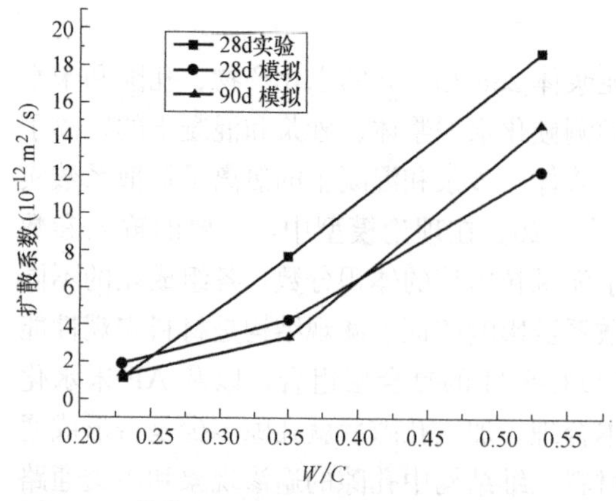

图 5-18　浆体扩散系数预测值与实验结果的对比

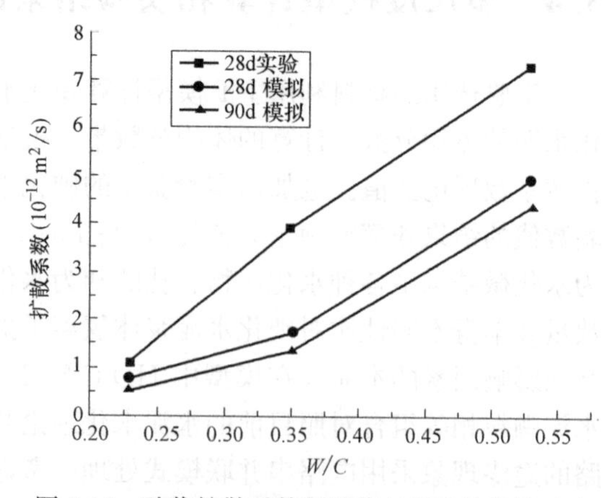

图 5-19　砂浆扩散系数预测值与实验结果的对比

从三个尺度的实验结果和模型计算结果进行分析，不同水胶比的实验结果和模型计算结果的变化趋势是一致的，结果的数量级在同一数量级上，实验的结果一般大于模型结果；在第二尺度中，28d 净浆模型结果和实验结果平均差别为 39.1%；在第三尺度中，28d 砂浆模型结果和实验结果平均差别为 39.8%；在第四尺度中，28d 混凝土模型结果和实验结果平均差别为 35.7%。三个尺度总平均差别为 38.2%。实验的结果和模拟结果对比差别接近 40%，这和实验是否完美以及模型假设是否完全符合实际有关；第二尺度差别和在净浆实验的加拌均匀程度及内部空气释放是否完全有关；第三尺度和第四尺度结果差别在于掺入骨料后形成的界面过渡区和理论假设界面过渡区是均匀的、厚度相同等假设有一定的出入，再者实验过程中可能产生一些试件制作的缺陷，例如在切割圆柱体试件时，发现内部存在一些较大的气孔和实验过程中振捣的质量有关，搅拌中进入的空气未完全振捣释放。多尺度模型在不同尺度上应用的均匀化理论可以尝试新的方法，准确性有待进一步的提高。

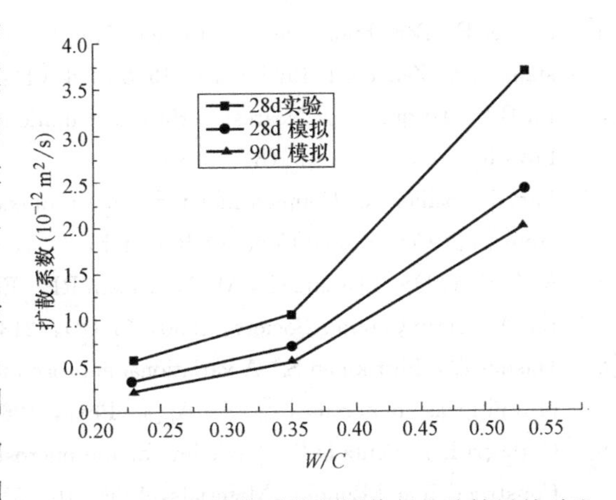

图 5-20　混凝土扩散系数预测值与实验结果的对比

总体分析，实验数据和模型数据的吻合情况较好，和模型当初硬化水泥浆微结构中组成相数量和骨料形成界面过渡区等对宏观氯离子扩散系数有直接影响是一致的，这和模型建立的最初设想也是相符的。其中实验数据和模型结果的差异可能来自模型参数选择，准确性有待大量实验进行修正，例如逾渗体积阈值和渗透通路的曲折因子等。根据微结构建立的多尺度模型目前适合纯水泥硬化浆体组成，受限于有公认的大家都接受的水泥硬化模型，例如 J-T 模型用来计算微结构中水化产物相和孔隙、未水化水泥颗粒的数量。对于掺加了粉煤灰等其他矿物掺合料的水泥浆体，由于没有成熟的水化硬化模型，不能计算模型的输入参数。

加入粉煤灰的氯离子扩散系数预测模型和加入粉煤灰矿物掺合料的水化模型有待进一步的研究。本多尺度模型是基于水泥水化硬化浆体的微结构中各项组成和界面过渡区对氯离子扩散系数的影响建立的，对于有效准确地预测水泥浆体、砂浆和混凝土在不同龄期下不同水胶比等参数下的氯离子扩散系数具有较高的理论价值和工程意义。

参 考 文 献

[1] Bernard F, Kamali-Bernard S, Prince W. 3D multi-scale modelling of mechanical behaviour of sound and leached mortar [J]. Cement and Concrete Research, 2008, 38 (4): 449.

[2] Ulm FJ, Constantinides G, Heukamp FH. Is concrete a poromechanics materials? A multiscale investigation of poroelastic properties [J]. Materials and Structures, 2004, 37 (1): 43-49.

[3] Mori, T, Tanaka, K. Average stress in matrix and average elastic energy of materials with misfitting inclusions [J]. Acta Metall. Mater, 1973, 21: 571-574.

[4] Kröner E. Berechnung der elastischen. Konstanten des Vielkristalls aus den Konstanten des Einkristalls [J]. Zeitschrift für Physik，1958，151 (4)：504-518.

[5] Lu B L，Torquato S. Nearest surface distribution functions for polydispersed particle systems [J]. Phys Rev A ，1992 ，45 (8)：5530.

[6] Bary B，Sellier A. Coupled moisture carbon dioxide-calcium transfer model for carbonation of concrete [J]. Cement and Concrete Research，2004，34 (10)：1859-1872.

[7] McLachlan DS，Blaszkiewicz M，Newnham RE. Electrical Resistivity of Composites [J]. Journal of the American Ceramic Society，1990，73 (8)：2187.

[8] Hashin Z.，Shtrikman S. A variational approach to the theory of the effective magnetic permeability of multiphase materials [J]. J. Appl. Phys，1962：3125-3131.

[9] Garboczi E J，Bentz D P. Modelling of the microstructure and transport properties of concrete [J]. Construction and Building Materials，1996，10 (5)：293-300.

[10] Zheng JJ，Li CQ，Zhou XZ. Characterization of microstructure of interfacial transition zone in concrete [J]. ACI materials journal，2005，102 (4)：265-271.

[11] Garboczi EJ，Bentz DP. Multiscale Analytical/Numerical Theory of the Diffusivity of Concrete [J]. Advanced Cement Based Materials，1998，8 (2)：77-88.

[12] 孙国文. 氯离子在水泥基复合材料中的传输行为与多尺度模拟 [D]. 南京：东南大学，2012.

[13] Zheng J J，Li C Q，Zhou X Z. Characterization of microstructure of interfacial transition zone in concrete [J]. ACI Mater J，200，(04) 102：265-271.

[14] Ma Liguo，Zhang，Yunsheng. Microstructure-based prediction model for chloride ion diffusivity in hydrated cement paste [J]. Ceramics-Silikáty，2017，61 (2)：110-118.

[15] Torquto S. Random Heterogeneous materials：Microstructure and Macroscopic Properties [M]. NewYork：Springer-Verlag，2002.

持续拉伸荷载作用下混凝土的传输性能研究

混凝土是目前世界上土木工程界用量最大的结构材料，其耐久性一直是研究的热点之一。作为混凝土重要指标的传输性能和其他耐久性指标有着紧密的联系，它对混凝土耐久性至关重要。实验常用介质主要采用水、各种气体和离子等进行渗透实验测得扩散系数来评价混凝土传输性能，据调查这些实验一般处于未受力状态，较少关注荷载或受力裂缝等对混凝土传输性能的影响，较少将渗透实验结果和荷载以及受力微裂缝等损伤建立关联，而实际工程中混凝土结构承受各种荷载的作用一般是在带裂缝的情况下工作的，单纯的传输实验和实际工程相脱节。为使实验结果具有较强应用性，研究符合工程实际的荷载作用下混凝土传输性能会有较强的指导价值，为后续的混凝土耐久性评估、寿命预测提供更加准确的参考。

6.1 荷载作用下混凝土传输性能研究进展

混凝土的传输性能可评价混凝土在服役环境中水分、氧气、二氧化碳以及有害化学物质侵入混凝土的难易程度，是多孔材料常见主要评价指标之一。荷载对混凝土的影响是通过荷载引起的微裂缝产生和发展实现的，在此过程中混凝土本身由于温度、湿度变化和冻融等使其原有微裂缝扩展并与荷载裂缝连通，为侵蚀性介质提供传输通道，客观上改变了混凝土的传输性能。荷载作用下混凝土传输性能研究关键在加载设备或装置和渗透实验方法两部分，综合已有的文献发现，主要分为压缩荷载、弯曲荷载、拉伸荷载等荷载作用下水、气体、氯离子和硫酸盐离子等介质传输实验研究。

6.1.1 压缩荷载作用下混凝土渗透性能研究

混凝土承受单轴压缩荷载比较常见，目前的研究根据加载方式不同主要可以分为压力机加载然后卸载、持续压缩荷载作用情况下的渗透性能研究。

1. 采用压力机加载然后卸载后的混凝土渗透性能研究

采用压力机对混凝土试件进行加载，一般研究工作都是单轴施加压缩荷载后再卸载情况下混凝土的渗透性能。Nataliya Hearn 研究了不同水平的压缩荷载引起的卸载后裂缝和烘干干燥引起的收缩裂缝对水渗透性的影响。Mitsuru Saito 等研究了采用压力机对混凝土试件施加循环压缩荷载，并采用电通量法测试其渗透能力的变化情况。C. C. Lim 等研究了压力机预设微裂缝对混凝土氯离子扩散系数的影响，渗透实验也是采用电通量方法来评价，采用电子应变计测量加载过程中的微裂缝变化，采用显微镜来观察染色试件加载以后的微裂缝特征。马成畅等对聚丙烯纤维混凝土试样施加循环压缩荷载，并用电通量法研究了其氯离子扩散系数的变化情况。Vincent Picandet 等研究了采用压力机施加压缩荷载引起的微裂缝对卸载后混凝土芯样的氮气的渗透性能的影响。

2. 持续压缩荷载作用下混凝土渗透性能研究

加载再卸载情况下，混凝土试件产生的微裂缝会有部分闭合的现象，而微裂缝对渗透性能的影响显著，这时测试的渗透性能结果可能和实际情况差别较大。加载再卸载通过压力机就可以实现，但提供持续荷载必须使用具有恒荷加载功能的压力机或设计一定的装置才能达到。持续压缩荷载作用下混凝土渗透性能研究，主要包括用压力机、千斤顶、螺栓和弹簧等提供持续压缩荷载。

A·Bhargava 等研究了压力机提供持续压缩荷载作用下混凝土压力水渗透性能，实验装置见图 6-1。

Nataliya Hearn 等研究压力机提供持续压缩加载情况下混凝土氮气渗透性能。王中平等采用千斤顶对混凝土施加单轴持续压缩荷载，并测试了其空气渗透参数，实验示意图见图 6-2。另外王中平等将采用扭力扳手拧紧螺栓提供单轴持续压缩荷载和海水或氯化镁溶液侵蚀共同作用下的混凝土空气渗透性能，实验示意图见图 6-3。

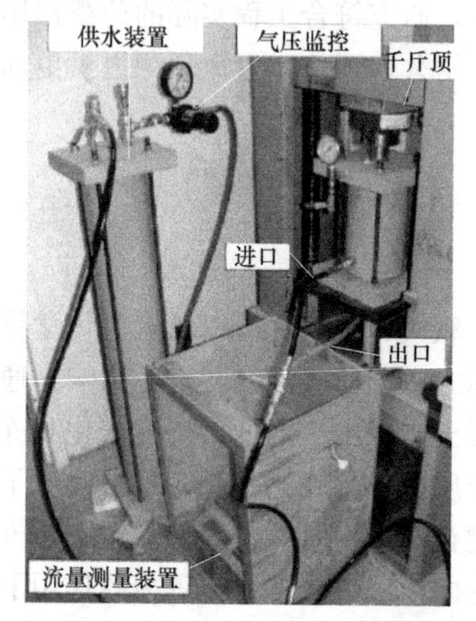

图 6-1 持续压缩加载渗透实验图

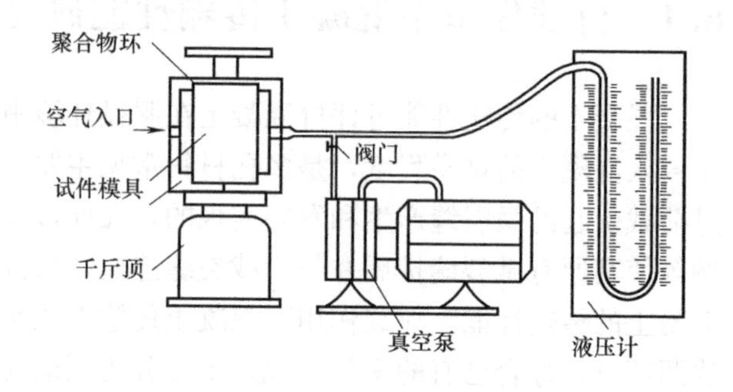

图 6-2 持续压缩荷载下气体渗透示意图

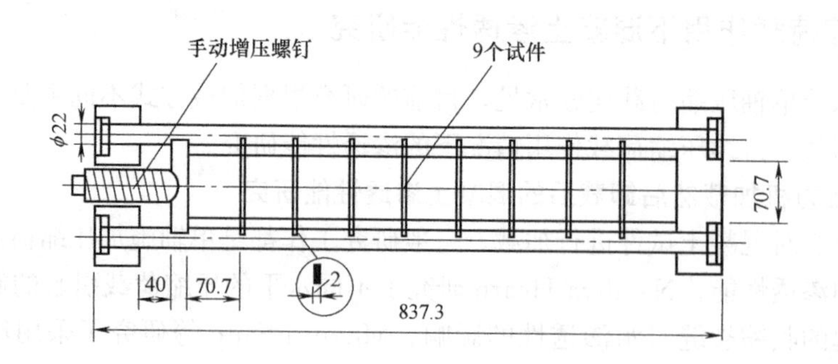

图 6-3 持续压缩加载示意图

W·G·Piasta 等研究了混凝土在压缩弹簧提供持续压缩荷载作用下硫酸盐侵蚀，实验装置图见图 6-4。

图 6-4 持续压缩加载实验装置图

方永浩等人设计了受压弹簧提供持续压缩荷载装置来研究混凝土的水渗透性能，实验示意图见图 6-5。

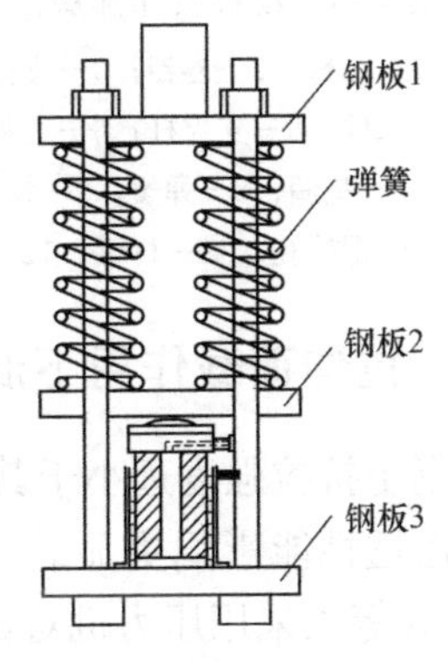

图 6-5 持续压缩加载示意图

6.1.2 持续弯曲荷载作用下混凝土渗透性能研究

在实际工程中，混凝土结构如常见梁构件主要是受弯，在这种受力情况下混凝土渗透性能变化也尤为重要。简单的可以用压力机对试件进行弯曲加载卸载，然后通过取芯或者直接浸泡的方法测试混凝土渗透性能，另外国内外学者设计实验装置研究了持续弯曲作用下混凝土的渗透性能。

R·Francois 等采用万能压力机对混凝土梁施加持续弯曲荷载，梁构件为 3 点支座支撑，并对混凝土梁喷洒盐雾促进氯离子的渗透，通过测试混凝土芯样的渗透深度和氯离子浓度得到氯离子渗透系数，具体实验示意图见图 6-6。

N·Gowripalan 等研究了持续弯曲荷载引起的裂缝对氯离子扩散性能的影响，混凝土试件放入氯化钠溶液中浸泡，根据硝酸银测得的渗透深度和混凝土氯离子浓度滴定结果计算氯离子渗透系数。何世钦等采用螺栓对混凝土试件施加持续弯曲荷载，研究了不同荷载水平对混凝土氯离子扩散性能的影响。赵尚传等采用相同加载方法研究了水位变动区域混凝土的氯离子扩散系数的变化，氯离子渗透实验同样采用上述 N·Gowripalan 采用的氯化钠溶液浸泡法，实验加载示意图见图 6-7。

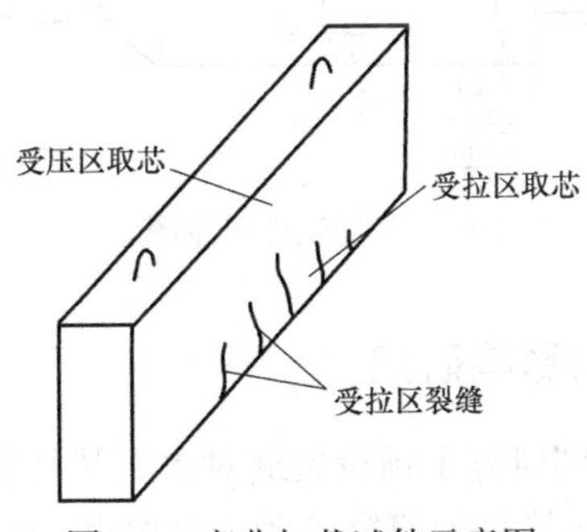

图 6-6 弯曲加载试件示意图

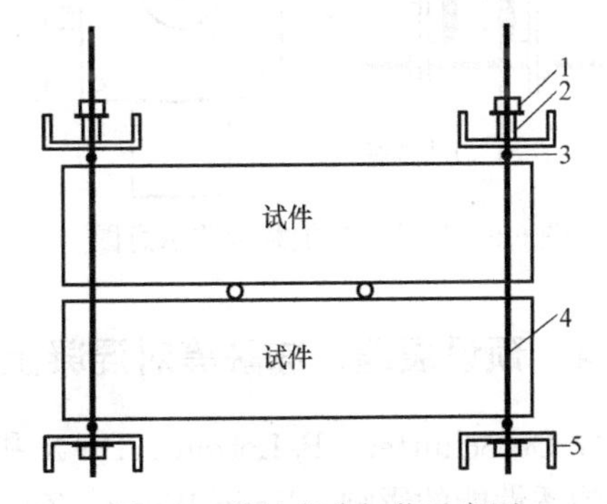

图 6-7 持续弯曲加载示意图

1—螺母；2—压力环；3—辊轴；4—螺杆；5—槽钢

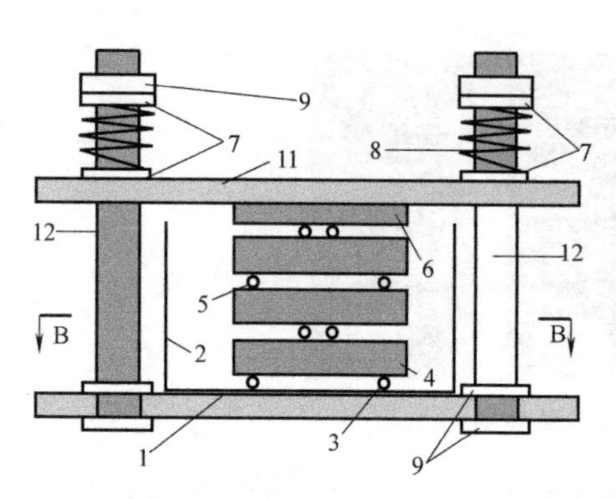

图 6-8　持续弯曲加载示意图

1—底板；2—容器；3—支撑杆；4—试件；5—支撑杆；6—上加强板；7—垫圈；8—弹簧；9—螺母；10—螺栓孔；11—杆梁；12—螺杆

李金玉等研究了采用螺栓施加持续弯曲荷载，测试了混凝土在不同浓度的硫酸盐溶液浸泡下的抗侵蚀性能。金祖权等研究了弹簧提供持续弯曲荷载作用下的混凝土在不同浓度硫酸盐溶液侵蚀损伤失效规律。慕儒等采用相同弹簧加载方法研究了高强混凝土和钢纤维高强混凝土在荷载和硫酸盐浸泡条件下的性能变化情况。邢锋等采用弹簧对混凝土试件施加持续弯曲荷载，研究了在此情况下氯离子扩散系数的变化，氯离子渗透实验和上述 N · Gowripalan 实验选择的氯化钠浸泡方法相同。黄战等测试了弹簧提供持续弯曲荷载作用下混凝土的硫酸盐腐蚀能力。具体实验示意图见图 6-8。

6.1.3　拉伸荷载作用下混凝土渗透性能研究

混凝土抗拉强度远小于其抗压强度，在受到拉伸荷载作用下更容易产生微裂缝，对混凝土的渗透性能影响更显著，由于拉伸荷载加载控制较难，目前该方面研究报道较少。B. Gerard 等人采用压力机对试件施加持续单轴拉伸，测试了此加载状态下混凝土的水渗透性能，实验中采用带孔的不锈钢板粘贴在试件侧面，通过对钢板拉伸对试件施加拉伸荷载，试件中部采用压力水进行渗透实验，实验示意图见图 6-9。

A. Konin 等研究了经受直接拉伸后的普通、高强和超高强混凝土的氯离子渗透性能。实验混凝土试件中间预埋钢筋，利用拉伸荷载预设裂缝，撤掉荷载后把试件放入盐雾室内放置一年进行实验。实验试件示意图见图 6-10。

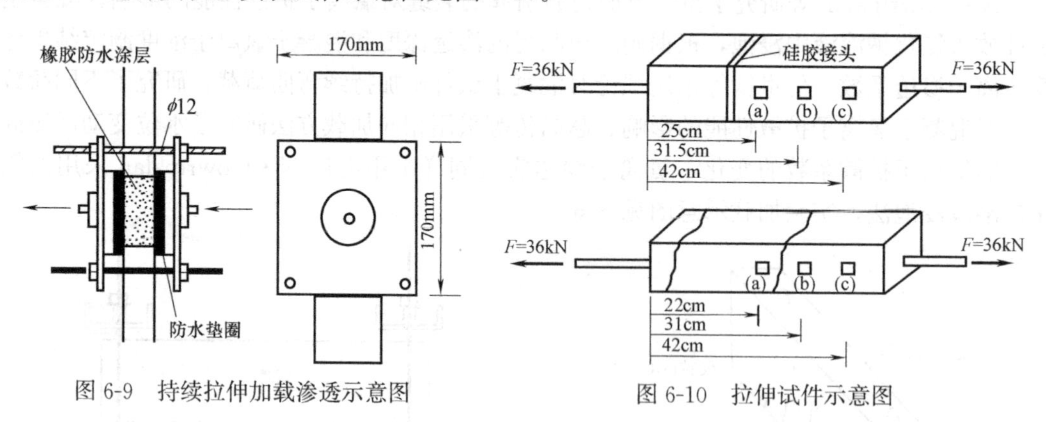

图 6-9　持续拉伸加载渗透示意图

图 6-10　拉伸试件示意图

6.1.4　预设裂缝、冻融等对混凝土渗透性能的影响研究

G. De Schutter、P. Locoge、Du X 和 Liu L 等分别研究了预设裂缝对水泥基材料的氯离子渗透性能的影响。Kejin Wang、Zdenek P. Bazant 等分别研究了预设裂缝和干燥裂缝对混凝土渗水性能的影响。Robert Cerny 等研究了温度荷载和冻融循环对高性能混凝土水渗透性能的影响。

6.2 荷载作用下混凝土渗透性能研究目前的问题

上述的荷载作用下混凝土渗透性研究中有以下特点和不足：

(1) 实验条件大多是先加载后卸载，然后再选择不同渗透方法进行测试，这样的实验结果和工程实际是有较大差别的；实验中常见加载设备是大型万能试验机和千斤顶，不利于工程现场实验，而且平行试验受到设备台套数限制。

(2) 荷载产生的预设裂缝没有标准，裂缝的宽度、深度和长度等因素不能统一，裂缝的分布、形态等难以控制，所以预设裂缝和实际工程中产生裂缝差别较大，其代表性有所降低，预设裂缝和实际裂缝对渗透性能的影响机理不相同，微裂缝的影响机理有待进一步验证；随着施工技术的发展，混凝土密实度提高，高强、高性能混凝土低渗透性使得气体、水渗透实验困难，选择侵蚀性离子加速实验会有较好的应用前景。

(3) 由于荷载的方式不同，目前研究没有提出合理的荷载作用下渗透性能变化的机理，没有建立完善的荷载水平、混凝土渗透性和混凝土损伤之间的模型；混凝土在荷载作用下的损伤表征主要集中在强度变化、裂缝参数变化（宽度、深度、长度和分布等）、内部微观产物变化等，可以进一步和一些无损检测的方法相结合，测定内部物理性能的变化来表征损伤。

(4) 荷载作用对渗透性能的影响可以进一步和混凝土的耐久性、钢筋的腐蚀等性能联系起来，为混凝土的耐久性设计、寿命预测和实际工程检测建立理论基础；荷载作用下混凝土渗透性能可以和环境因素相结合，例如环境实验箱可提供多因素耦合实验条件，参数可选择温度、湿度、海水等腐蚀性介质浸泡等。

6.3 持续拉伸荷载作用下混凝土传输性能实验设计

6.3.1 持续拉伸荷载装置设计

由于混凝土试件加载状态下裂缝的情况和实际受力构件类似，因此在实验中设计持续加载装置会使实验结果更加贴近实际工程，更具代表性，可避免卸载后裂缝恢复减小等问题。本书研究选择单轴持续拉伸荷载下混凝土传输性能。

(1) 由于混凝土的抗拉强度较低，在拉伸荷载作用下，混凝土产生较多微裂缝，它对混凝土的渗透性能影响更加显著。在上述很多研究中都有类似结论，混凝土的受拉区渗透性比受压区受荷载影响更大，特别是在持续荷载作用下，一些微裂纹不会像卸载后那样闭合，会给腐蚀性介质提供传输通道使混凝土渗透性能有更显著变化。另外，加载设备需要简单、操作方便，有重复利用价值，能够较准确地加载并且可以多组试件同时实验对比，体积不大在研究环境因素耦合时可以方便地放到环境实验箱内。为能对混凝土试件持续加载采用了弹簧进行加载，相对简单、成本也低，专门设计了可以对混凝土试件进行持续单轴拉伸的实验装置，具体加载装置见图 6-11。

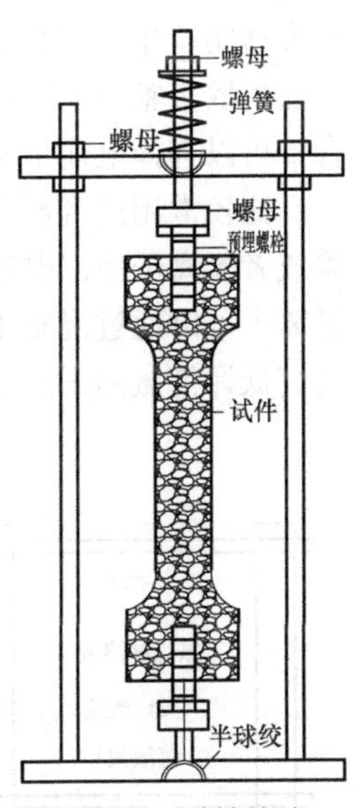

图 6-11 单轴持续拉伸加载实验装置

设计的实验装置选用弹簧对混凝土试件施加持续拉伸加载，混凝土试件浇筑时预埋螺杆连接加载装置，加载装置安置半球绞来调节荷载和试件对中。

（2）单轴持续拉伸实验试件应力分析

采用 ANSYS 有限元软件分析单轴持续拉伸实验试件应力状态，尽管试件采用圆滑过渡尺寸变小，由于局部尺寸突变，造成了突变处的应力集中，引起该处应力较大，结果见图 6-12。

采用碳纤维布或者钢纤维对试件尺寸突变位置局部进行加强，改善所在位置的应力状态，使试件在拉应力作用下，中间应力较大，为荷载作用下首先破坏区域，结果如图 6-13 所示。

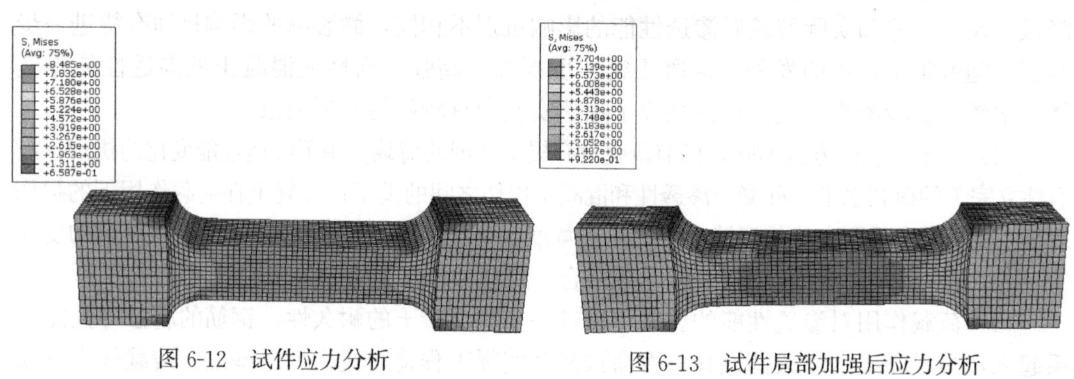

图 6-12　试件应力分析　　图 6-13　试件局部加强后应力分析

6.3.2　混凝土渗透实验方法选择

混凝土常用的渗透实验介质压力水和气体对低水胶比密实的混凝土渗透比较困难，实验时间长，实验结果有时很难测得。考虑混凝土在实际工程中常有腐蚀性介质的严酷服役环境，选择腐蚀性介质渗透实验对研究混凝土性能变化更具有工程实际意义。其中在氯离子渗透实验中，无荷载作用下比较常用的实验方法有 ASTM C1202 电通量法、RCM 法、自然扩散实验和电迁移实验方法等，测试持续荷载作用下混凝土渗透性能 RCM 方法不适合，可以选择电通量法、电迁移方法或者整个加载设备放入到氯化钠盐溶液中进行浸泡。

比较常用的混凝土氯离子渗透性能实验可以用 ASTM C1202 电通量法、自然浸泡实验或者氯离子稳态电迁移实验。前两种一种有具体的规范，利用在 60V 直流电压作用下氯离子可以通过混凝土试件向正极移动的原理，根据在规定时间内通过混凝土试件的电量的高低评价氯离子渗透性能；一种相对比较简单，可以将试件长时间放置到盐溶液中通过化学分析的方法获得扩散距离与氯离子浓度之间的联系，然后利用菲克定律推算氯离子扩散系数；第三种方法国内应用较少，示意图见图 6-14，它是通过外加电场来加速氯离子在混凝土中的迁移，使其达到稳态迁移的状态，结合化学分析的方法测定右侧溶液池中的氯离子线性变化情况根据爱因斯坦方程获

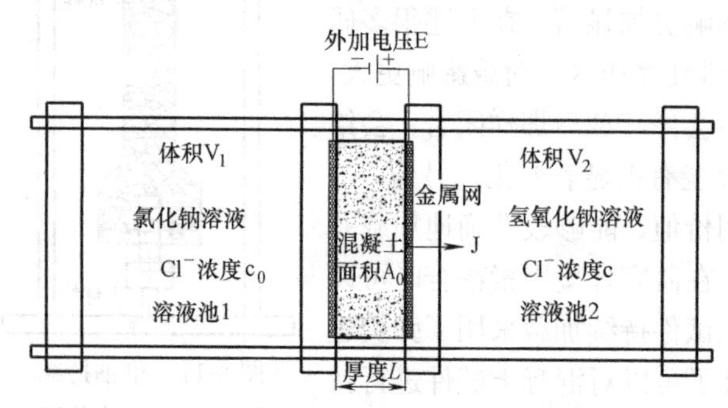

图 6-14　氯离子稳态电迁移实验装置示意图

得氯离子扩散系数，以此评价混凝土的抗渗透能力。

设计的混凝土单轴拉伸装置可以非常容易进行电通量或者稳态电迁移实验，自然浸泡实验可以直接将加载装置整个放入盐溶液中，这就要求该加载装置必须具有长期较好的抗腐蚀能力，加载装置的原材料最好是质量好的不锈钢材；混凝土弯曲加载实验装置中试件的裂缝容易出现在下部，采用自然浸泡法比较简单，可以直接在加载的底板上试件的周围粘结一个超过试件本身高度的溶液池来实现。

6.3.3 实验装置的制作

制作拉伸装置可以提供持续拉伸荷载，并加工了混凝土浇筑成型模具，具体模具和加载装置见图 6-15～图 6-18。

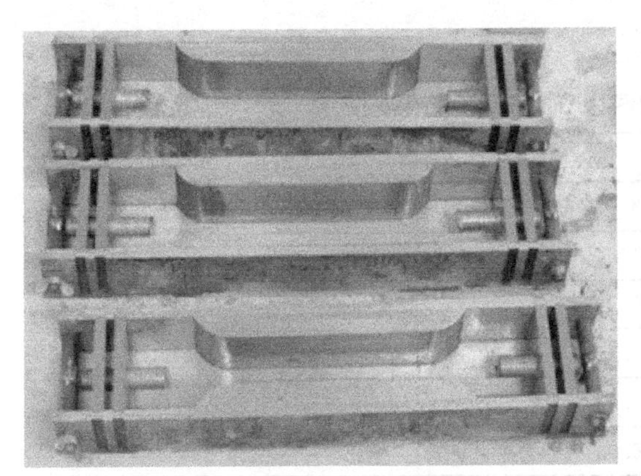

图 6-15 混凝土浇筑模具

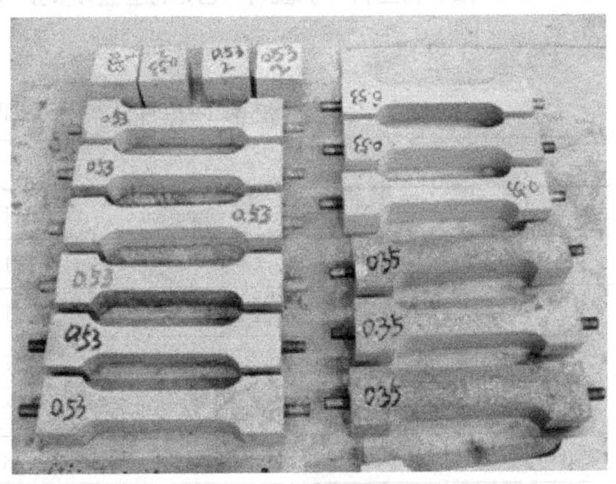

图 6-16 混凝土试件

图 6-17 拉伸破坏实验图

图 6-18 持续拉伸加载下电加速稳态扩散实验

6.4 实验过程与结果分析

混凝土的配合比设计与第 2 章相同，分别是水胶比为 0.53 和 0.35 的普通混凝土试件，养护 28d 后，做电加速稳态迁移扩散实验。

6.4.1 力学性能试验

实验结果见表 6-1。

28d 力学强度实验 **表 6-1**

编号	水胶比	轴向拉伸强度(MPa)	劈裂抗拉强度(MPa)
1	0.53	2.91	3.53
2	0.35	3.48	4.06

6.4.2 轴向拉伸荷载下电加速稳态扩散实验

实验结果见表 6-2。

轴向拉伸荷载下电加速稳态扩散实验结果 **表 6-2**

编号/荷载水平	1($10^{-12}m^2/s$)	2($10^{-12}m^2/s$)
0	13.68	4.76
20%	14.04	4.98
40%	15.23	5.85
50%	17.78	8.79
60%	28.36	19.52
70%	36.05	29.33

6.4.3 荷载水平和扩散系数值

实验结果见图 6-19。

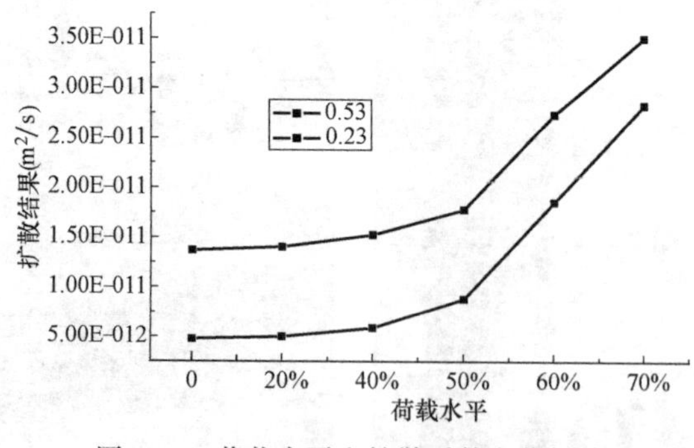

图 6-19 荷载水平和扩散系数变化规律

6.4.4 结果分析

根据实验过程和结果，拉伸荷载作用下破坏更趋向于脆性破坏，在加载过程中，基本看不到肉眼可见裂缝，当出现可见裂缝时，试件立刻破坏了，破坏其中在试件的靠近中部的位置，个别试件由于荷载没有对中，出现在界面变形处或者钢筋末端，这和应力集中有很大关系，所以拉伸时候，两端的球绞非常重要可有效调节荷载对中。荷载水平在 40%前，结果变化不大，到了 50%左右时候发生较大变化。

荷载水平和扩散系数之间可以建立计算公式，$D_x = D_0(1 + ae^{bx})$。拟合曲线见图 6-20。

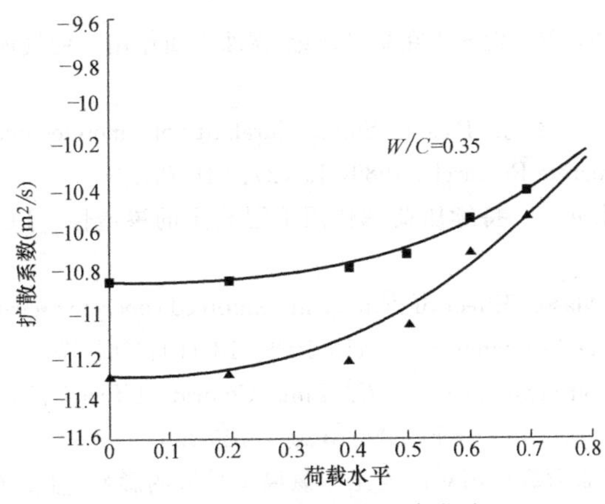

图 6-20 实验数据和拟合曲线

0.53 水胶比的混凝土实验结果可以得到拟合公式：$D_x = 1.37 \times 10^{-11}(1 + 0.01382e^{6.87343x})$，可信度为 0.95591。

0.35 水胶比的混凝土实验结果可以得到拟合公式：$D_x = 1.37 \times 10^{-11}(1 + 0.02688e^{7.46553x})$，可信度为 0.96626。

通过数据拟合，应用损伤力学原理建立的拉伸荷载作用下荷载水平和扩散系数之间定量关系，可信度高；荷载作用和离子在混凝土中的传输相互影响相互作用，过程非常复杂，其破坏机理有待进一步分析；在工程实际中，混凝土所面临的荷载作用可能是多种荷载共同作用，同时受到多种离子的侵蚀，混凝土在耦合作用下的传输过程有待进一步研究。

参考文献

[1] Nataliya Hearn. Effect of Shrinkage and Load-Induced Cracking on Water Permeability of Concrete [J]. ACI Structural Journal，1999，96 (2)：234-241.

[2] Mitsuru Saito，Hiroshi Ishimori. Chloride permeability of concrete under static and repeated compressive loading [J]. Cement and Concrete Research，1995，25 (4)：803-808.

[3] C. C. Lim，N. Gowripalan，V. Sirivivatnanon. Microcracking and chloride permeability of concrete under uniaxial compression [J]. Cement and Concrete Composites，2000，22 (5)：353-360.

[4] 马成畅，张文华，叶青，等. 预压荷载下聚丙烯纤维混凝土的抗氯离子渗透性能研究 [J]. 新型建筑材料，2007，5，14-15.

[5] Vincent Picandet，Abdelhafid Khelidj，Guy Bastian. Effect of axial compressive damage on gas permeability of ordinary and high-performance concrete [J]. Cement and Concrete Research，2001 (31)：1525-1532.

[6] A. Bhargava，N. Banthia. Measurement of concrete permeability under stress [J]. Experimental

Techniques，2006，30 (5)：28-31.

[7] Nataliya Hearn，G. Lok. Measurement of permeability under uniaxial compression- a test method [J]，ACI Materials Journal，1998，95 (6)：691-694.

[8] 王中平，吴科如，阮世光. 单轴压缩作用对混凝土气体渗透性的影响 [J]. 建筑材料学报，2001，4 (2)：127-131.

[9] 王中平，吴科如，瞿伟，等. 混凝土在单轴压缩-腐蚀介质作用下的气渗性 [J]. 建筑材料学报，2002，5 (1)：42-45.

[10] W. G. Piasta，Z. Sawicz，J. Piasta. Sulfate durability of concretes under constant sustained load [J]. Cement and Concrete Research，1989，19 (2)：216-227.

[11] 方永浩，李志清，张亦涛. 持续压荷载作用下混凝土的渗透性 [J]. 硅酸盐学报，2005，33 (10)：1282-1286.

[12] R. Francois，J. C. Maso. Effect of damage in reinforced concrete on carbonation or chloride penetration [J]. Cement and Concrete Research，1988，18 (6)：961-970.

[13] N. Gowripalan，V. Sirivivatnanon，C. C. Lim. Chloride diffusivity of concrete cracked in flexure [J]. Cement and Concrete Research，2000，(30)：725-730.

[14] 何世钦，贡金鑫. 弯曲荷载作用对混凝土中氯离子扩散的影响 [J]. 建筑材料学报，2005，4，134-138.

[15] 赵尚传，贡金鑫，水金锋. 弯曲荷载作用下水位变动区域混凝土中氯离子扩散规律实验 [J]. 中国公路学报，2007，20 (4)：76-82.

[16] 李金玉，林莉，曹建国，等. 高浓度和应力状态下混凝土硫酸盐侵蚀性的研究 (C). 重点工程混凝土耐久性的研究与工程应用 (王媛俐等主编)，北京：中国建材工业出版社，2001：281-290.

[17] Jin Zuquan，SunWei，Jiang Jinyang，et al. Damage of concrete attacked by sulfate and sustained loading [J]. Journal of Southeast University (English Edition)，2008，24 (1)：69-73.

[18] 慕儒，孙伟，缪昌文. 荷载作用下高强混凝土的硫酸盐侵蚀 [J]. 工业建筑，1999，29 (8)：52-55.

[19] 邢锋，冷发光，冯乃谦，等. 长期持续荷载对素混凝土氯离子渗透性的影响 [J]. 混凝土，2004，5：3-8.

[20] 黄战，邢锋，董必钦，等. 荷载作用下的混凝土硫酸盐腐蚀研究 [J]. 混凝土，2008，2：66-69.

[21] B. Gérard，D. Breysse，A. Ammouche，et al. Cracking and permeability of concrete under tension [J]. Materials and Structures，1995，29：141-151.

[22] A. Konin，R. François，G. Arliguie. Penetration of chlorides in relation to the microcracking state into reinforced ordinary and high strength concrete [J]. Materials and Structures，1998，31 (1)：310-316.

[23] G. De Schutter. Quantification of the influence of cracks in concrete structures on carbonation and chloride penetration [J]. Magazine of Concrete Research，1999，51 (6)：427-435.

[24] P. Locoge，M. Massat J. P. Ollivier，C. Richet. Ion diffusion in microcracked concrete [J]. Cement and Concrete Research，1992，22 (2)：431-438.

[25] Du X.，Jin L，Zhang R，et al. Effect of cracks on concrete diffusivity：A meso-scale numerical study. Ocean Engineering，2015，(108)：539-551.

[26] Liu L，Chen H. S，Sun W，et al. Microstructure-based modeling of the diffusivity of cement paste with micro-cracks. Construction and Building Materials，2013，(38)：1107-1116.

[27] Kejin Wang，Daniel C. Jansen，Surendra P. Shah. Permeability study of cracked concrete [J]. Cement and Concrete Research，1997，27 (3)：381-393.

[28] Zdenek P. Bazant, Siddik Sener, Jin-Keun Kim. Effect of cracking on drying permeability and diffusivity of concrete [J]. ACI Materials Journal, 1987, 84 (5): 351-357.

[29] Robert Cerny, Pavla Rovnanikova. Transport Processes in Concrete [M]. Routledge, UK, 2001.

[30] 马立国，张云升. 水泥基材料氯离子稳态电迁移实验研究 [C]. 第七届全国土木工程研究生学术论坛论文集，南京，2009：168.

[31] 张云升，马立国，宋鲁光，等. 拉应力作用下混凝土渗透系数测试装置及测试方法 [P]. ZL200910024476.8，2010.12.08.

[28] Zdenek P. Bazant, Sidiq Sener, Jin-Keun Kim. Effect of cracking on drying permeability and diffusivity of concrete [J]. ACI Materials Journal, 1987, 84(5): 351-[illegible]

[29] Robert Cerny, Pavla Rovnanikova. Transport Processes in Concrete [M]. Routledge, UK, 2004.

[30] [illegible]. 水泥基材料[illegible]电阻率[illegible]研究[D]. [illegible]大学硕士学位论文[illegible], [illegible]: 1-8.

[31] [illegible]. [illegible]应力作用下混凝土[illegible]试验[J]. [illegible], 2016, 12: 08.